DE LA

MALADIE DE LA VIGNE.

DE LA

MALADIE DE LA VIGNE

DANS LE MIDI DE LA FRANCE

ET LE NORD DE L'ITALIE.

RAPPORT

PRÉSENTÉ A M. LE MINISTRE DE L'INTÉRIEUR,

DE L'AGRICULTURE ET DU COMMERCE,

PAR

VICTOR RENDU,

INSPECTEUR GÉNÉRAL DE L'AGRICULTURE.

Luxit vindemia, infirmata est vitis; ingemuerunt omnes qui lætabantur corde.

Isaïe, chap. XXIV, vers. 7.

PARIS.

IMPRIMERIE IMPÉRIALE.

1853.

DE LA

MALADIE DE LA VIGNE

DANS LE MIDI DE LA FRANCE

ET LE NORD DE L'ITALIE.

Monsieur le Ministre,

Le 26 mai 1852, sur la demande des sociétés d'agriculture de l'Hérault, du Gard et des Bouches-du-Rhône, vous m'avez chargé de visiter les vignobles du sud-est de la France et de l'Italie septentrionale, afin d'étudier la maladie de la vigne, de vous signaler ses effets ainsi que les moyens qui pourraient en prévenir le retour.

J'ai obéi à vos ordres. Déjà, plusieurs rapports partiels vous ont fait connaître la situation des choses pendant ma tournée d'inspection; aujourd'hui, j'ai à compléter ces renseignements en vous soumettant un rapport d'ensemble sur le résultat de mes recherches.

Elles ont eu pour objet l'étude des faits observés

sur les lieux mêmes ; la nature de la maladie, ses caractères et ses causes ; les remèdes proposés et les résultats obtenus. Pour donner plus d'intérêt à mon travail, j'ai cru devoir indiquer succinctement les différents procédés de culture de la vigne dans les États-Sardes et le midi de la France. Quelques notes, recueillies dans nos principaux départements viticoles du Sud-Est, m'ont paru propres à faire ressortir l'importance de la culture de la vigne et, par suite, l'étendue des pertes occasionnées par la maladie : elles font partie de ce rapport.

EXPOSÉ DES FAITS.

D'après votre invitation, Monsieur le Ministre, j'ai visité, en France, les départements du Rhône, de l'Isère, de Vaucluse, de la Drôme, des Basses-Alpes, du Var, des Bouches-du-Rhône, du Gard, de l'Hérault, des Pyrénées-Orientales, de la Corse et de l'Aude; en Italie, j'ai parcouru une partie des États-Sardes, le royaume Lombard-Vénitien et la Toscane. Avant de raconter ce dont j'ai été témoin dans ces diverses contrées, permettez-moi de remonter à l'origine de la maladie de la vigne et d'esquisser rapidement sa marche.

C'est en Angleterre qu'elle a pris naissance, ou, du moins, qu'elle a été signalée pour la première fois par

MM. Tucker et Berckley. Concentrée, en 1845, dans les serres chaudes de Margate, elle n'a pas tardé à faire explosion au dehors. En 1848, les serres de M. le baron de Rothschild étaient envahies; l'année suivante, les vignobles de Puteaux et de Surêne sont atteints; en 1850, toute la banlieue de Paris souffre de la maladie de la vigne.

Jusqu'ici, elle n'avait pas attaqué de vignobles réellement dignes de ce nom; les dommages privés, tout regrettables qu'ils étaient, n'avaient que le caractère de pertes isolées, n'altérant point encore une des principales sources du revenu public : il en est autrement en 1851.

Tout à coup, le mal s'abat à la fois sur l'Italie et le midi de la France; aux environs de Paris, il enlève à peu près toute la récolte.

Cette année-là, la maladie de la vigne, aggravée par une température anomale, force le Piémont de venir chercher en France une partie de son approvisionnement en vins.

Dans notre midi, la perte occasionnée par la maladie de la vigne est sensible; mais le malheur de nos voisins relève le prix des vins, considérablement déprécié depuis plusieurs années : c'est une espèce de compensation au déficit de la récolte; toutefois, l'ennemi est dans nos vignobles, nous sentirons bientôt sa funeste présence.

En effet, dès le printemps de 1852, un cri d'alarme part de Montpellier et de Marseille. Bientôt il trouve écho dans les Pyrénées-Orientales, l'Aude, le Gard, le Var, les Basses-Alpes, Vaucluse, l'Isère, le Rhône; les vignobles de la Côte-d'Or, de la Gironde, sont entamés; sur tous les points, la maladie fait d'effrayants progrès : les désastres qui ont accablé tant de cultivateurs du Piémont en 1851 semblent devoir nous frapper à notre tour : le mal règne dans toute son intensité.

Il n'en sévissait pas avec moins de rigueur en Italie; loin de là, il s'était accru au point d'anéantir la récolte de contrées entières : tout ce qui a été atteint en 1851 l'est également en 1852, et avec beaucoup plus de force.

C'est alors que la maladie de la vigne paraît faire le tour de l'Europe. La Hongrie, l'Allemagne, la France, les États-Sardes, le royaume Lombard-Vénitien, la Toscane, les États-Romains, le royaume de Naples, la Sicile, ont leurs vignes plus ou moins maltraitées; l'Espagne, épargnée précédemment, se voit saisie au nord et au midi; la Grèce subit aussi l'influence du fléau, et, comme si nulle contrée ne devait échapper à ce terrible visiteur, l'Algérie et la Syrie sont envahies vers le même temps.

Vous n'attendez pas de moi, Monsieur le Ministre, que je suive la maladie de la vigne dans tous les pays où elle s'est montrée. Le triste rôle de contrôler tous ses ravages ne m'est point échu; il y aurait, d'ailleurs, témérité à l'entreprendre en l'absence de renseignements précis auxquels on puisse ajouter foi : ma tâche se borne à vous rendre compte de ce que j'ai vu personnellement. Les faits suivants, que j'ai l'honneur de mettre sous vos yeux, ont été recueillis sans idées préconçues, en dehors de toute théorie systématique et même de toute lecture anticipée; je les enregistrais à mesure qu'ils s'offraient à l'observation, résolu de ne conclure, si toutefois des conclusions pouvaient être tirées, qu'après avoir parcouru consciencieusement le dédale de cette maladie mystérieuse. J'entre en matière.

FRANCE.

DÉPARTEMENT DE LA CORSE.

En 1851, la maladie a particulièrement sévi sur les vignobles des environs de Bastia, à Cervione et au cap Corse : la récolte y a été réduite, sur certains points, d'un quart, sur d'autres, d'un cinquième. Dans l'arrondissement de Sartène, Bonifacio et Porto-Vecchio ont été surtout atteints : il y a eu là perte d'un quart; aux environs de Sartène, le dommage n'a pas été sensible.

Les arrondissements d'Ajaccio, de Corte et de Calvi avaient été préservés.

Les raisins *muscats* et de *malvoisie* sont ceux qui ont le plus souffert. Le mal s'est déclaré tout à coup, à la fin de juillet, quand le raisin était bien formé. Les bas-fonds étaient plus atteints que les hauteurs; celles-ci, cependant, n'ont pas été à l'abri du fléau.

En mai 1852, la vigne ne portait aucune trace de la maladie sur le sarment; mais, dès le mois de juin sur plusieurs points, en juillet sur d'autres, les vignobles étaient envahis : les progrès du mal ont été très-rapides. Comme en 1851, ce sont Sartène, Porto-Vecchio, Bonifacio, Verde, Cervione, le cap Corse, Bastia qui ont le plus souffert; mais tous les quartiers viticoles ont, plus ou moins, éprouvé l'influence de la maladie.

Les raisins blancs ont été les plus maltraités : la *malvoisie*, le *génois*, le *creminese*, le *muscat* surtout, ont été presque détruits; les raisins noirs, quoique frappés, ont éprouvé moins de mal.

Dans certaines localités, ce sont les plaines, dans d'autres, ce sont les coteaux qui ont le plus pâti; ailleurs, dans la montagne, le mal a été très-intense.

L'*allcatico* et le *muscat* ont été envahis dès la floraison; la plupart des autres cépages n'ont été atteints que lorsque le raisin était déjà formé.

Le *libeccio*, vent du sud-est, a dominé en 1852.

Dans plusieurs contrées, la maladie a été enrayée dans sa marche, et l'on a pu ainsi obtenir une demi-récolte : c'est ce qui a eu lieu dans les environs de Bastia et au cap Corse.

Cervione et Verde, en deçà des monts, ont eu leur récolte presque entièrement perdue : tel propriétaire, M. Brignolet, par exemple, qui récolte annuellement plus de 200 hectolitres de vin, n'a pas eu le quart de ce rendement en 1852 ; son vignoble, pourtant, est l'un des mieux cultivés de la Corse. M. Trani, à Bonifacio, récolte ordinairement 300 charges de vin; cette année, il n'en a eu que 25. Sartène, Bonifacio, Porto-Vecchio, bien que fort éprouvés, n'ont pas autant souffert.

DÉPARTEMENT DE L'AUDE.

L'arrondissement de Narbonne est le seul, dans ce département, où la maladie de la vigne ait pris une certaine intensité; c'est aussi le plus viticole des quatre arrondissements qui le composent.

La maladie n'y avait pas paru, pour ainsi dire, avant 1852 ; on l'avait bien aperçue dès le mois de juin 1851, mais la récolte ne s'en était pas ressentie.

La maladie s'est jetée sur les premières feuilles et sur les raisins formés, lorsqu'ils avaient déjà la grosseur de petits pois; mais, dans plusieurs localités, il y a eu une seconde période d'invasion dans le mois de juillet : à cette époque tardive, la maladie a causé moins de dommages.

L'apparition de la maladie de la vigne, dans l'arrondissement de Narbonne, a coïncidé avec une sécheresse qui régnait déjà depuis longtemps : le vent soufflait du sud-est.

Toutes les natures de sol, tous les cépages, toutes les expositions, quel que soit le mode de culture, ont été indistinctement frappés. Les vignobles situés dans les bas-fonds, les alluvions grasses, par exemple, de la plaine de Coursan, ont plus souffert que les vignobles en coteaux; cependant, sur plusieurs points, des vignes placées sur des hauteurs ont autant souffert que celles des bas-fonds.

Sans pouvoir assigner de marche précise à la maladie, on s'accorde partout ici à reconnaître qu'après avoir fait son apparition sur un point, le mal s'est propagé rapidement, et surtout avec plus de force, sous le vent des parties attaquées.

Dans le canton de Lézignan, c'est la *carignane violette* ou *rude* qui a été prise la première; tous les autres cépages ont aussi été atteints, mais plus tard.

On a remarqué que les plus belles vignes étaient les plus maltraitées.

On évalue la perte à la moitié de la récolte; mais il est juste d'en mettre une partie à la charge du gribouri et de la pyrale, ainsi que sur le compte de la gelée du 20 avril, qui a tué la première pousse de l'*aramon*.

DÉPARTEMENT DES PYRÉNÉES-ORIENTALES.

La maladie n'a été aperçue, en 1851, que sur les treilles, et seulement à Banyuls-sur-Mer et à Catllar, près de Prades. En 1852, elle a envahi tout le département, mais à une époque déjà avancée de la saison, comparativement à ce qui a eu lieu dans les départements de l'Hérault, du Gard et des Bouches-du-Rhône; lè raisin avait atteint à peu près la moitié de sa grosseur : les grappes, fortement attaquées, ont cessé de croître; celles sur lesquelles la maladie n'avait fait que glisser ont continué de grossir, mais lentement et imparfaitement, de manière à faire craindre qu'elles ne pussent arriver à complète maturité.

Tous les vignobles ont été attaqués, au nord comme au midi du département, en plaine comme en coteaux, depuis les bords de la mer jusqu'aux limites de la culture, au penchant des montagnes.

La maladie sévit fortement à Rivesaltes et sur les confins du département de l'Aude, à Salces, à Fitou.

La banlieue de Perpignan et le territoire de Bages sont aussi fort maltraités; le plateau de Torremilla, les territoires de Pia, Claira et Saint-Hippolyte, souffrent peu jusqu'ici.

Aucun canton n'est préservé; toutefois, l'immense vignoble entre la Tet et l'étang de Salces est moins atteint que celui qui s'étend de la rive droite aux montagnes.

La *carignane* est le cépage qui a été attaqué le premier; le *mataro*, le *piquepoule*, le *grenache*, l'ont été plus tard; après eux est venu le tour du *muscat* et des raisins blancs, généralement saisis les premiers par la maladie dans les départements voisins. Le *téret-bourret* et l'*aramon*, après avoir longtemps résisté, ont aussi été atteints : près d'Elne, chez M. Azemar, ces deux cépages souffraient considérablement à la fin du mois d'août.

Dans les jardins, toutes les treilles sont complétement perdues.

Vignes jeunes, vignes vieilles, rien n'échappe au fléau; les différentes natures de sol n'en préservent aucune.

Bizarrerie remarquable! les vignes le mieux cultivées, et, dans certains vignobles, les pieds les plus vigoureux, les plus feuillus, ont été et plus tôt et plus fortement atteints que les autres; des faits nombreux contraires ne permettent pas, cependant, de transformer cette anomalie en règle générale.

Aux pluies de l'hiver ont succédé des temps variables et de nombreuses matinées de brouillard assez rares dans le Roussillon; après deux mois de sécheresse continue, temps pendant lequel la maladie aurait semblé s'arrêter dans la plaine, on l'a vue reprendre avec plus de force et se propager rapidement.

L'invasion tardive de la maladie a permis au raisin de prendre le dessus dans beaucoup de vignobles; cette cause a singulièrement contribué à atténuer l'étendue de la perte dans les Pyrénées-Orientales, où la maladie n'est réellement qu'à son début en 1852.

DÉPARTEMENT DE L'HÉRAULT.

La maladie s'est déclarée dans ce département vers les premiers jours d'août 1851; cette année, elle a reparu dès le mois de mai sur les vignes envahies l'année précédente; les vignes nouvellement attaquées l'ont été, tantôt au moment de l'épanouissement des feuilles, tantôt à la floraison, le plus souvent quand le raisin commençait à se former. Sur les vignes attaquées déjà en 1851, la maladie a reparu aussitôt la première végétation; elle s'est jetée sur les feuilles et les sarments: la grappe, à peine formée, a été immédiatement saisie. Sur le plant d'*aramon,* la maladie a d'abord attaqué la grappe, puis les feuilles et, en dernier lieu, le sarment.

La maladie, circonscrite en 1851 à quelques vignobles et, pour ainsi dire, inoffensive, s'est considérablement étendue en 1852; les arrondissements de Montpellier et de Lunel sont ceux qui ont le plus souffert; Béziers, Lodève et Saint-Pons ont eu peu de mal.

Hauteurs et bas-fonds ont été également frappés, quelles que fussent, d'ailleurs, l'exposition du vignoble et la nature du terrain: comme exemple, on peut citer le coteau de Frontignan, au sud, consacré à la culture du muscat, et le vignoble de Téhéran, au nord de Montpellier, enclavé dans les collines qui dominent ce vallon. Les coteaux de Lunel et la plaine qui entoure cette ville sont dans le même cas; les coteaux sont fortement calcaires, la plaine est formée par de riches alluvions où l'argile domine.

Les treilles ont été les premières atteintes par la maladie.

Tous les cépages, sans exception, ont été frappés, mais à différents degrés.

La *carignane*, le *piquepoule*, le *téret*, ont particulièrement souffert de la maladie ; ce dernier cépage a eu, de plus, à subir les ravages du *rougeot*, maladie commune dans le centre de la France, assez rare jusqu'ici dans le midi ; elle y a révélé son apparition par de véritables désastres, notamment autour de Lunel.

Les muscats de Frontignan ont été presque entièrement perdus, par suite de la maladie de la vigne.

L'*alicante* et l'*aramon* sont les plants qui ont le mieux résisté.

Le vent dominant à l'époque de l'invasion de la maladie était le sud-est ; avant et après son apparition, de violents orages ont éclaté dans le département, surtout dans les arrondissements de Montpellier et de Lunel.

Les différents modes de culture, de taille et de fumure ont été sans action sur la maladie ; elle a sévi indistinctement sur tous les vignobles.

Plusieurs quartiers de vignes chez M. Pagézy, au Vivier, fumés avec des débris de poisson et présentant une végétation luxuriante, ont présenté ce phénomène bizarre : une partie de la vigne, composée des mêmes cépages, traitée de la même manière, à la même exposition, dans le même sol, sans différence prononcée dans la pente du terrain, a été envahie par la maladie; l'autre partie s'est trouvée préservée. Des faits analogues ont eu lieu dans beaucoup d'autres vignobles bien tenus.

La vigne s'est généralement relevée au moment où le raisin a commencé à tourner.

La gelée du 20 avril, fatale à la première pousse de certains cépages qui débourrent de bonne heure, a contribué à amoindrir les produits en 1852; cette cause, réunie à la maladie de la vigne, a enlevé du tiers à la moitié de la récolte dans les arrondissements de Montpellier et de Lunel; dans cette dernière localité, particulièrement maltraitée, un grand nombre de vignobles n'ont eu que le quart d'une récolte ordinaire; plusieurs propriétaires ont tout perdu.

Des vignes, mais en petit nombre, sont mortes de la maladie, à Frontignan principalement.

DÉPARTEMENT DU GARD.

La maladie de la vigne s'est montrée dans ce département en 1851, mais sans y causer de pertes appréciables; à l'époque de cette première invasion, la plante était en pleine végétation. On a signalé son retour en 1852 dès les premiers jours de juin : cette année-là elle y a été et plus générale et plus intense. Il est à remarquer, cependant, que certains vignobles, attaqués en 1851, ne l'ont pas été en 1852.

Les cépages atteints les premiers par la maladie

sont, en général, les raisins blancs, l'*aramon* et le *piquepoule.* Dans plusieurs localités, l'*aramon,* quoique envahi des premiers, a résisté énergiquement au mal et amené son raisin à maturité complète. Le *piquepoule* a considérablement souffert; les *térets,* atteints en dernier lieu, ont cédé plus facilement que les autres à l'influence de la maladie : dans l'arrondissement de Nîmes, les *espars* et l'*alicante*, plants d'Espagne, se sont généralement bien comportés.

A part quelques rares exceptions, les bas-fonds ont été généralement plus maltraités que les hauteurs.

Les fumures et une bonne culture, sans avoir préservé complétement la vigne, semblent avoir atténué les effets de la maladie.

Un moment d'arrêt a été observé dans sa marche, lorsque le raisin commençait à tourner.

La maladie s'est montrée fort inégale dans ses attaques; même dans les localités les plus maltraitées, on cite des vignobles qui ont peu souffert, tandis que la récolte a été presque totalement perdue dans des vignes voisines.

Les vignes jeunes ont plus souffert que les vieilles vignes.

Les *grez* (terres siliceuses où les cailloux roulés dominent) et les sols calcaires ont été généralement épargnés ou, du moins, atteints très-légèrement.

Les localités qui ont le plus souffert dans l'arrondissement de Nîmes sont celles qui s'étendent depuis le chef-lieu jusqu'à Lunel; le coteau de Saint-Gilles, les environs de Beaucaire, ont eu peu de mal. Les autres arrondissements ont vu la maladie, mais, comparativement, à un faible degré.

DÉPARTEMENT DES BOUCHES-DU-RHÔNE.

D'après M. Étienne Bérenger, cultivateur à la Petite-Bastide, dans la commune de Bouc, l'apparition de la maladie de la vigne dans les Bouches-du-Rhône daterait de 1850, maisla récolte ne s'en serait pas ressentie. En 1851, elle ne passait pas aussi inaperçue; en 1852, elle a fait invasion depuis la fin de mai jusqu'au commencement de juillet: elle s'est montrée et plus générale et plus intense qu'en 1851; quelques vignes cependant, atteintes précédemment, ne l'ont pas été, par exception, l'an passé: le résultat inverse est devenu la règle. Dans la plupart des localités, la maladie s'est manifestée peu de temps après la floraison; raisins et feuilles ont été attaqués presque en même temps.

Partout, dans le département, la maladie a débuté par les raisins à peau tendre. A Orgon, les *alicantes* ont été atteints les premiers.

Les cépages le plus généralement atteints sont, parmi les raisins blancs:

Le *plant de Saint-Jean*,
Le *pascal blanc*,
Le *muscat blanc*,
La *panse musquée*,

L'*aragnan;*

Parmi les raisins noirs :

L'*aubiers*,

Le *bouteillan*,

Le *bran fourcat*,

Les variétés les moins maltraitées sont :

Les *panses ordinaires*,

Le *muscat d'Espagne*,

Le *raisin de Damas*,

L'*unit*,

La *clarette*,

L'*olivette*,

Le *varlantin*.

Dans la commune de Bouc, des quartiers entiers, plantés en *grenache*, n'ont pu être vendangés.

A la Montauronne le *lédenon* est le plant qui a le plus souffert; les *units rouges* et la *clarette blanche* ont été préservés.

D'après les observations de M. Castagne, les raisins noirs d'Ischia et le raisin blanc de Constantinople ont été épargnés, bien que placés au milieu d'un grand nombre de *muscats d'Espagne* plus ou moins attaqués.

Ces données générales, toutefois, souffrent contradiction: car telles variétés, à peine atteintes ou endommagées sur un point, ont été fort compromises ou épargnées ailleurs; mais partout on a reconnu que le *mourvèdre* était celle qui avait le mieux résisté, bien qu'elle-même ait été touchée; après elle, les plants qui ont le moins souffert sont les *alicantes* et les *rivesaltes*.

Les raisins en treilles sont ceux sur lesquels la maladie a le plus fortement sévi.

La marche de la maladie a été très-irrégulière.

A Saint-Remy, Meyrargues, le Tholonet, au quartier des Crottes, les vignes situées dans les bas-fonds sont plus attaquées que celles des hauteurs; au contraire, au quartier Saint-Charles, à Marseille, les vignes des bas-fonds sont peu malades.

D'un autre côté, dans la vallée supérieure de l'Arc, la plaine est peu frappée, tandis que le *quartier d'en haut* est fort maltraité. Le plateau élevé de la commune de Roquefort est gravement atteint : non loin de là, les vignobles généralement situés sur des plateaux élevés et sur le versant sud des coteaux sont tous envahis par la maladie.

Les contrastes les plus frappants s'observent à cet égard; on ne peut donc en tirer de conclusion générale, si ce n'est que tous les cantons du département sont la proie du fléau, les uns plus, les autres moins, suivant les localités.

Les différentes natures de sol nè paraissent exercer aucune action sur la maladie : la Crau, la Camargue, le sol calcaire des environs de Marseille, les alluvions de Tarascon, tout est attaqué, à différents degrés, dans les mêmes localités et sans pouvoir servir de termes de comparaison.

D'après un certain nombre de faits bien observés, le voisinage de la mer semblerait avoir exercé une influence heureuse sur la maladie; ailleurs, des cours d'eau servant aux irrigations, ou, pour parler plus exactement, l'irrigation elle-même aurait augmenté l'intensité du mal.

Les variations brusques de l'atmosphère n'ont amené de résultat avantageux que là où le mal était récent et n'avait pas de gravité; les vignes envahies de longue date ont continué à souffrir, sans répit aucun : la pluie du 19 août, au moment où le raisin allait tourner, a amené un temps d'arrêt dans la maladie.

Suivant M. Jayet, conservateur des forêts des Bouches-du-Rhône, le vent violent du nord succédant aux grandes chaleurs a paru suspendre les progrès du mal. Dans plusieurs vignobles et sur des treilles aux environs d'Aix, des vignes récemment atteintes par la maladie ont été complétement guéries à la suite de fortes pluies.

Après un temps d'arrêt dans la marche de la maladie, quand il y a eu recrudescence, la situation du vignoble est devenue plus fâcheuse.

Les territoires d'Aubagne et de Roquevaire, dans l'arrondissement de Marseille, les environs d'Aix, sont les localités où la vigne a le plus souffert de la maladie.

Chez M........, maire de Roquevaire, on avait à peine rencontré 50 souches malades en 1851 : c'est par milliers qu'on les compte en 1852. Dans la commune de Pépin, pays de très-petite culture, on récolte annuellement 200 hectolitres de vin; cette année, à peine a-t-on sa provision de ménage. A Garlaban, la récolte est entièrement perdue, ainsi que dans le quartier de Bassan, à l'est de Roquevaire. A la Montauronne, chez M. de Bec, les jeunes vignes, qui avaient donné, en 1850, 300 hectolitres de vin, n'en produisent que 100 cette année : les souches restent chargées de raisins desséchés.

Du reste, les dommages résultant de la maladie de la vigne dans le département des Bouches-du-Rhône sont fort divers. En n'envisageant que la propriété privée, il est impossible d'assigner aucun chiffre au déficit de la récolte. A côté d'un domaine qui a perdu la moitié ou les trois quarts de son rendement annuel, on en voit où la diminution de produit est beaucoup moins sensible; d'autres, mais exceptionnellement, ne se ressentent pas du fléau. Que si l'on examine les vignobles dans leur ensemble par rapport au département, on n'éprouve plus d'hésitation pour constater le dommage. Il est infiniment plus grand qu'en 1851 : on s'accorde généralement à le porter du tiers à la moitié de la récolte; mais il est juste de faire observer qu'il y a eu une sorte de compensation à la perte éprouvée dans la quantité de raisins dont la vigne était chargée en 1852.

Des vignes sont mortes des suites de la maladie dans le département des Bouches-du-Rhône.

DÉPARTEMENT DU VAR.

La maladie existe depuis deux années dans ce département; l'arrondissement de Grasse, exceptionnellement à ce qui a eu lieu dans le reste de la France, en a sensiblement souffert dès 1851. En 1852, elle s'est montrée plus générale et plus intense.

Dans l'arrondissement de Toulon, on l'a signalée, cette année, dès la fin du mois de mai; mais, sur d'autres points du département, elle a éclaté plus tard, en juillet, sur le raisin déjà développé : son invasion la plus générale a eu lieu en juin et juillet.

Les feuilles et les sarments ont d'abord été attaqués; le fruit a été généralement surpris quand il avait la grosseur d'un pois.

Les raisins blancs et les raisins à peau tendre, et principalement le *pascal* et le *muscat,* sont ceux qui ont été les plus malades; le *mourvèdre* est le cépage qui a le mieux résisté avec le *pégoni* et le *tonar.*

Tous les vignobles du département ont été plus ou moins atteints de la maladie.

D'après certains observateurs, les vignobles en coteaux, surtout ceux abrités des vents du nord et de l'ouest, ont plus souffert que ceux de la plaine dans la circonscription ouest de l'arrondissement de Toulon. D'un autre côté, les vignobles du *Plan de la Garde* (circonscription est de l'arrondissement de Toulon) ont peu souffert comparativement à des vignes situées en coteaux ou complantées dans un terrain plus élevé que le Plan de la Garde.

M. Laure (Henri) a vu, sur le parcours du canal de Marseille, des vignes arrosées préservées de la maladie, tandis que d'autres en coteaux souffraient beaucoup. Chez M. Pellicot, les vignes en terrain sablonneux ont été plus attaquées que celles plantées dans un sol consistant.

Les treilles de muscat ont été particulièrement maltraitées.

Généralement, les vignes malades en 1851 l'ont été de nouveau en 1852, et plus gravement; toutefois, des souches fortement atteintes en 1851 ont été parfaitement intactes en 1852 : cette observation a été faite par M. Charles de Gasquet, propriétaire du château de Salgues, directeur de la ferme-école du Var, et par M. Agarrard, propriétaire à la Garde; chez ce dernier, deux plants de vigne, variété dite plant de *Marseille* ou *Majorquain*, attaqués en 1851, au point qu'on les croyait perdus, ont été exempts de la maladie en 1852. M. de Gasquet a aussi remarqué que, sur plusieurs sujets très-vigoureux, dont la végétation luxuriante avait donné naissance à des raisins tardifs, ceux-ci ont été atteints de la maladie, tandis que les premiers en ont été préservés. Ce fait, réuni à beaucoup d'autres cas semblables, semble établir que la maladie de la vigne est d'autant plus grave, qu'elle existe plus anciennement.

Vignes jeunes et vignes vieilles ont été attaquées

indistinctement; à Mentonne et à Hyères, ces dernières auraient été plus éprouvées.

De jeunes semis de vignes ont été détruits par la maladie.

La commission ouest de l'arrondissement de Toulon a constaté, d'après des relevés pris à l'observatoire de l'hôpital de la marine, que des brumes fréquentes avaient accompagné le lever du soleil dans les mois de mai, juin et juillet.

La perte totale résultant de la maladie de la vigne, dans le département du Var, est évaluée à un sixième environ de la récolte; mais, si l'on descend dans la propriété privée, ce chiffre n'est plus exact : il est des propriétaires qui ont perdu la moitié, d'autres le tiers, quelques-uns le quart seulement de leur récolte; la perte a été aussi très-variable suivant les localités et même suivant les vignobles.

DÉPARTEMENT DES BASSES-ALPES.

La maladie de la vigne s'y est fait sentir dès 1851; elle est plus forte et plus générale en 1852.

Sa marche est fort irrégulière: elle attaque indifféremment les vignobles des coteaux et ceux des bas-fonds; généralement, les premiers ont plus souffert.

Le mal est à peu près le même à toutes les orientations : à Riez, on remarque que les vignes exposées au midi sont plus endommagées; un plant de grenache, au nord, chez M. Auguste Praez, se trouve préservé.

Tous les cépages, sans exception, ont été frappés par la maladie. Les plants atteints les premiers, en général, sont le *bouteillan*, le *gris-uni*, le *taurier* et la *clarette;* ceux qui ont été le moins éprouvés sont le *mourvèdre*, le *grenache*, *s[t]-péray*, le *catalan* et le raisin blanc dit *verdaou*.

A Gréoulx, le *bouteillan blanc*, fortement attaqué en 1851, l'est bien moins en 1852.

Les raisins blancs, toutefois, sont ceux que la maladie a le plus maltraités.

Partout, la maladie sévit avec plus de force sur les vignes chétives que sur les vignes vigoureuses; dans le canton de Banon, on signale les vignes en bon terrain et bien cultivées comme résistant mieux que les autres à la maladie. Dans certaines localités, on se plaint de ce que la maladie augmente avec la sécheresse; dans d'autres, c'est le contraire : la maladie éprouve un temps d'arrêt au retour de la pluie.

La maladie semble se répandre plutôt par quartiers, qu'elle envahit tantôt tout d'un coup, tantôt progressivement; elle ne paraît pas s'attacher de préférence à tels ou tels cépages.

Vignes vieilles et jeunes sont également atteintes.

En général, dans ce département, la maladie s'est ralentie à l'époque où le raisin commençait à tourner.

La vigne a été généralement envahie par la maladie à partir de la floraison jusqu'à la maturité. Les treilles ou tonnelles ont plus souffert que les vignes basses.

La perte éprouvée en 1852 s'élève, suivant les localités, du quart au tiers et à la moitié de la récolte.

Il est à remarquer que la gelée du 20 avril, qui s'est fait sentir dans toute la France, a causé un préjudice notable aux cépages précoces.

DÉPARTEMENT DE VAUCLUSE.

La maladie avait paru dans le département en 1851; elle y avait même été aperçue dès 1850 par M. du Demaine, ancien officier de marine: son potager renfermait quelques ceps atteints à cette époque; en 1852, la maladie est plus étendue et plus grave: tous les cépages attaqués en 1851 l'ont été, plus ou moins, cette année. On estime que le nombre des souches malades en dernier lieu excède des deux tiers celui des souches atteintes en 1851.

Dans le domaine de Vaudieu (commune de Châteauneuf-du-Pape), on comptait à peine 30 souches malades en 1851; cette année il y en a de 3 à 4,000 plus ou moins gravement atteintes par la maladie: l'invasion a eu lieu vers la fin de mai et les premiers jours de juin.

Les cépages atteints les premiers sont ceux qui ont le plus souffert; tels sont: les *muscats,* les *tokais,* les *alicantes*, les *pascal blanc,* les *piquepoules noir* et *gris,* l'*aramon*, le *téret.*

Le *monesten,* la *vaccarèze,* l'*espar* et le *berardi* ont été moins fortement attaqués.

Ceux qui ont le moins souffert sont : la *clairette*, la *bourboulenque*, le *grenache*, le *tinto* et le *plant droit* ou *braquet*.

La maladie a été observée dans tous les sols, sur tous les cépages, à toutes les expositions : au château de Vaudieu, des vignes d'une force remarquable, ayant des ceps de 3 à 4 mètres sont tout aussi frappées que de vieilles vignes végétant à peine et ayant des sarments de 30 à 50 centimètres.

Les treilles ont été plus maltraitées que les autres vignes.

Quelques variétés sauvages provenant d'Amérique ont été épargnées; mais, comme si tout devait dérouter les recherches dans cette maladie mystérieuse, les vignes sauvages, dans les îles du Rhône, sont complétement en proie au fléau; il en est de même dans le bois de Valène, près Montpellier.

Tous les raisins de table ont été aussi plus ou moins atteints. D'après M. Régnier-Toulouze, l'habile directeur du jardin d'essai d'Avignon, le *jacowitz* a mieux résisté que le *jouanen;* le *jouanen* mieux que la *madeleine blanche,* celle-ci mieux que le *keinsheimer,* celui-ci mieux que le *chasselas perle-blanche,* et les *chasselas,* en général, mieux que les *muscats.*

Les bas-fonds semblent avoir plus souffert que les coteaux. On attribue aussi de l'influence aux cours d'eau sur la maladie.

Suivant les uns, des vignes fumées avec des fumiers

d'étable auraient été plus malades; suivant les autres, des vignes fumées avec des cendres lessivées auraient échappé à la maladie. Chez M. du Demaine, les treilles du potager fortement fumées et arrosées sont toutes atteintes, à l'exception de quelques plants de *chasselas de Fontainebleau.*

La maladie a subi un temps d'arrêt par suite des pluies tombées vers la fin de l'été; beaucoup de raisins, ternes jusqu'alors, se sont éclaircis et sont arrivés à maturité; sur un grand nombre de points, la maladie a cessé ses progrès lorsque le raisin commençait à changer de couleur.

Des souches sont mortes des suites de la maladie; plusieurs, atteintes en 1851, sont restées sans feuilles sur leurs rameaux en 1852, mais elles repoussaient du pied.

Dans la commune de Châteauneuf-du-Pape, la perte résultant de la maladie de la vigne est évaluée à un sixième environ de la récolte; dans l'ensemble du département, le rendement est resté de moitié au-dessous des rendements ordinaires; en 1851, il y avait eu perte d'un tiers.

DÉPARTEMENT DE LA DRÔME.

Dans ce département, le vignoble de l'Ermitage et les environs de Tain ont seuls été l'objet de recherches.

D'après M. Macker, propriétaire à l'Ermitage et viticulteur fort éclairé, la maladie, faible en 1851, s'est montrée plus grave en 1852; elle a fait son apparition en juillet dans le vignoble de l'Ermitage.

Le sol et l'exposition ne paraissent pas avoir exercé d'influence sur la maladie; il n'en est pas de même du mode de culture et de l'espèce des cépages.

Les hautains ont plus souffert que les vignes basses.

La maladie a sévi avec force sur la *grosse sirrah* (vin rouge ordinaire); dans plusieurs vignobles, la récolte a été réduite au vingtième du produit moyen. La perte dans les vins rouges fins (*petite sirrah*) n'a pas dépassé un dixième.

Les cépages donnant les vins blancs (*petite et grosse roussanne*) ont eu peu de mal.

Toutes choses égales, la maladie a été plus intense dans les vignes situées au bas des coteaux.

Aux environs de Tain, les petits plants, tels que le *gros pauvre*, le *piquepoule*, ont été plus attaqués que les grands plants (la *marsanne*, la *sirrah*, *etc.*).

Les vignobles de la plaine ont plus souffert que ceux des coteaux, quelle que fût, d'ailleurs, la nature des cépages; toutefois, les petits plants ont moins bien résisté que les autres.

Les vignes en terrains secs et pierreux ont été envahies comme les vignobles placés dans des sols plus consistants.

DÉPARTEMENT DE L'ISÈRE.

La première invasion de la maladie dans ce département date de 1851. Les mêmes contrées attaquées cette année-là l'ont été en 1852; les vignes basses, à peine atteintes en 1851, ont été plus fortement frappées en 1852, moins cependant que les *treillages* et les *hautains*.

La maladie a été observée d'abord sur les feuilles et le bois; elle s'est jetée sur le fruit peu de temps après sa formation.

Toutes les variétés de cépages qui garnissent les treillages ont été indistinctement éprouvées par le fléau; néanmoins la *béthue*, variété à grains longs très-répandue, est celle qui a le plus souffert. Le *corbeau*, le *picot rouge*, cépages à gros grains, ont le mieux résisté. Les raisins blancs ont particulièrement été dévastés par la maladie. Chez M. Berthoin, à Saint-Robert près Grenoble, le plant du Beaujolais, cultivé en vigne basse, a été épargné; il en a été de même sur plusieurs points du département; mais le *pineau de Bourgogne*, cultivé en treillage bas, préservé en 1851, a souffert notablement en 1852.

Il est d'observation générale que les vignes en hautains ont plus souffert que les vignes basses; les vignobles situés sur les hauteurs ont été bien plus maltraités que les vignobles de la plaine.

Le voisinage des cours d'eau n'a paru exercer aucune influence sur la maladie; sa marche a été accélérée après les grandes pluies de juillet et août: on l'a vue alors envahir rapidement d'abord les hauteurs, ensuite les vignes à mi-coteaux et enfin la plaine.

Quelques faits tendraient à faire croire que la fertilité du sol, dans certaines localités, a contribué à favoriser le développement de la maladie. M. Berthoin, entre autres, cite un champ de treillages très-vigoureux dans la partie du sol qui est riche, maigre dans les trois quarts de la pièce, dont le terrain est pierreux; cette dernière partie a été épargnée, à l'exception toutefois des raisins blancs, tandis que l'autre a eu la maladie en 1851 et en 1852.

C'est pendant le mois d'août que la maladie a fait le plus de progrès.

La perte résultant de la maladie de la vigne est évaluée à la moitié d'une récolte ordinaire.

Suivant M. Berthoin, l'intensité du froid aurait fait périr beaucoup de vignes, mais seulement celles que la maladie avait attaquées.

DÉPARTEMENT DU RHÔNE.

D'après les recherches d'un habile observateur, M. Tisserant, professeur à l'École vétérinaire de Lyon, la maladie de la vigne s'est comportée de la manière suivante dans le département du Rhône, en 1852.

Elle a débuté dans les premiers jours de juillet, trois semaines plus tôt qu'en 1851. Elle est aujourd'hui beaucoup plus étendue et plus intense que l'an dernier : tous les cantons viticoles du département se sont ressentis du fléau.

Partout l'invasion de la maladie semble avoir coïncidé avec de fortes averses qu'avaient précédées de grandes chaleurs.

Tout ce qui avait été atteint par la maladie en 1851 l'a été presque sans exception en 1852.

Tous les cépages ont été frappés, mais à différents degrés. Aux environs de Lyon, les *chasselas* et le *gros-plant* ou *persaigne* ont été plus fortement atteints que les *gamays;* dans le canton de Condrieu, les *gamays* et le *chasselas mornain* ont beaucoup plus souffert que la *serine* et le *viognier.*

Toutes choses égales, la maladie a été plus grave sur les cépages remarquables par leur végétation précoce ou vigoureuse et sur ceux que des conditions particulières d'exposition, de culture, ont rendus plus productifs. Les vignes jeunes, chargées de raisins, ont été partout plus gravement atteintes que les autres.

Les treilles et les hautains ont été plus maltraités que les vignes basses.

La maladie existe à toutes les orientations; cependant il résulterait d'un certain nombre d'observations que les vignes au nord et au nord-ouest sont plus malades que les autres. Des abris résultant d'avant-toits destinés à protéger les treilles contre le froid auraient préservé les raisins dans beaucoup de localités et à toutes les expositions : ce fait pourtant admet des exceptions.

Toutes choses égales, la maladie a été plus forte dans les terrains d'alluvion argileux ou argilo-calcaires, humides et riches en humus.

C'est dans les régions élevées ou moyennes, à sol granitique et superficiel, où l'on récolte les meilleurs vins, mais en plus petite quantité, que les effets de la maladie se sont fait le moins sentir. Toutes conditions égales, elle a été plus forte au sommet des pentes et au pied des coteaux que dans la station intermédiaire.

Quand la fumure a eu pour résultat d'accroître la production, la maladie a sévi avec plus de rigueur.

La perte a été plus grande dans les vignobles attaqués les premiers que dans ceux que la maladie a atteints en dernier lieu.

Des ceps isolés, abandonnés à eux-mêmes, sans culture, sans taille, sans engrais, ont été, les uns épargnés, les autres ravagés.

A la maladie spéciale de la vigne s'est joint, en 1852, le *rougeot;* les vignobles du département connaissaient déjà cette affection.

Si l'on ne peut affirmer que des souches soient réellement mortes des suites de la maladie, il n'en est pas moins vrai que des sarments fortement atteints, cette année, ont présenté des altérations profondes : la vie semblait s'en être retirée.

Il est impossible d'évaluer avec quelque exactitude les pertes occasionnées dans le département du Rhône par la maladie, celle-ci ayant sévi d'une manière fort inégale dans les diverses localités et sur les différents cépages.

Dans la plaine de Condrieu, Tupin et Ampuis, la récolte du raisin de table a été presque nulle: elle n'a pas produit la centième partie de son rendement moyen.

Sur les coteaux correspondants, presque tous les vignobles plantés en *gamays* ont été complétement ravagés : les deux plants principaux, la *serine* et le *viognier,* qui donnent les vins de Condrieu et de Côte-Rôtie, ont généralement peu souffert. Dans les crus supérieurs, la perte occasionnée par la maladie est peu sensible : la faiblesse de la récolte doit être attribuée en grande partie à la gelée et à la coulure.

Dans les autres cantons de l'arrondissement de Lyon, le *chasselas* et la *persaigne* ont beaucoup souffert : dans un certain nombre de vignobles, la perte a été à peu près totale, tandis que d'autres, placés dans les mêmes circonstances, sont comparativement épargnés.

Le Beaujolais a été aussi frappé d'une manière très-inégale, bien que le *gamay* y soit à peu près le seul plant cultivé. Les crus supérieurs, *Brouilly, Borgon*, *Chouas, Fleury,* les *Thorins,* ont tous été atteints, mais légèrement; les *Thorins* et les *Moulin-à-Vent* ont été les plus épargnés.

Le mal a été plus étendu et plus grave dans des vignobles situés ou plus haut ou plus bas : ainsi, à Saint-Lager, Chirouble, Quincié, Villié, etc., quelques domaines y ont été fort maltraités.

Les statistiques portent à 23 hectolitres le produit moyen des vignes par hectare dans le département du Rhône; ce chiffre est évidemment trop faible pour les zones nord et sud, et surtout pour la zone médiane, où le gros plant, assez productif, tient une large place.

La récolte de 1852 ne dépasse pas le quart ou le tiers de ce produit moyen. Mais cette diminution, surtout pour les vins fins, ne résulte pas seulement de la maladie; il faut l'attribuer aussi à la gelée du mois d'avril, à la coulure et aux pluies de la première quinzaine de septembre, qui ont fait pourrir beaucoup de raisins et ont déterminé la rupture des grains légèrement atteints, dont la maturité complète aurait eu lieu sans cet accident atmosphérique.

ITALIE.

En 1851, la maladie avait déjà sévi avec intensité en Italie, alors que la France s'en ressentait à peine; elle s'était même montrée dès 1850 sur plusieurs points.

Partout elle a été et plus générale et plus intense en 1852 qu'en 1851.

ÉTATS-SARDES. RIVIÈRE DE GÊNES.

A Nice, la vigne cultivée en treilles (*vite in topia*), et portant généralement des raisins de table, *muscats noirs et blancs*, *clairette*, *espagnol* et *pignerole*, est plus maltraitée que la vigne en lignes (*vite in linea*). Il est rare de voir des grappes intactes; la plupart ne montrent que des grains petits et crevassés, laissant les pepins à nu; les feuilles et le sarment offrent le plus triste aspect : les premières sont rabougries, tordues sur elles-mêmes, complétement grisâtres; l'autre a sa surface entièrement noire, on le dirait en pleine décomposition; et pourtant il présente une moelle blanchâtre à l'intérieur.

La maladie frappe plus inégalement les vignes en lignes.

Rien de fixe dans la marche du fléau; ici, ce sont les coteaux qui souffrent, là, les bas-fonds sont plus malades.

Tous les cépages, quels que soient le mode de culture, la nature du sol et l'exposition, sont envahis : *les muscats*, la *clairette*, le *verlantin*, raisins à peau tendre, sont ceux qui ont le plus souffert.

Le long du Var, sol mouilleux, la maladie est très-intense; des vignes sauvages, dans les haies, sont fortement atteintes.

Sur les coteaux de Bellette, sol maigre, siliceux, mêlé de cailloux roulés, les vignes du sommet sont plus atteintes que celles situées dans la partie inférieure : la vigne, ici, rampe sur le sol; partout ailleurs, dans cette province, elle est supportée par des tuteurs disposés en contre-espaliers : le mal est le même dans l'un et l'autre cas. Les principaux cépages de Bellette sont : la *sauvagette*, la *clairette*, le *roussan*, le *verlantin*, la *braquette* et l'*espagnol:* les trois premiers ont été attaqués tout d'abord et dans l'ordre de leur dénomination; ce sont trois cépages blancs.

La maladie, dans cette contrée, est à sa 3e année. Insignifiante en 1850, elle a été très-sensible en 1851: le quart de la récolte a été attaqué; elle est infiniment plus grave en 1852 : elle n'avait commencé qu'au mois d'août en 1851; cette année, elle a paru dès le mois de juin.

Aux *Quatre-Chemins*, à l'est de Nice, dans un terrain calcaire converti en terrasses et à l'exposition du sud-est, tout est perdu.

A Turbia, au-dessus de Monaco, dans une vigne de huit à dix ans, en plein midi, parfaitement tenue et présentant une magnifique végétation, on ne trouve pas une seule grappe intacte; le grain ne s'est pas développé (10 août 1852); il est dur et crevassé.

De même, à Roquebrune et à Menton, la maladie est très-grave.

A Vintimiglia, les raisins de la plaine sont tous envahis : on estime la perte aux deux tiers. Des pourrettes sont atteintes de la maladie; elles souffrent, en outre, d'une affection semblable à celle du *rougeot* : il est vrai qu'elles se trouvent dans un sable de dunes exposées à la violence des vents de mer.

San-Remo n'est pas plus épargné. Les mêmes désastres se reproduisent tout le long de la rivière de Gênes, à Oneglia, Albenga, Savone, etc., pays, du reste, peu viticoles, mais fort riches en oliviers.

La vallée de Polcevera, Bisagno, le coteau de Latte, réputé pour la qualité de ses vins, Albano, ont leur récolte entièrement perdue. La côte orientale éprouve le même sort depuis Gênes jusqu'à Massa, en passant par Chiavari, Spezia et Sarzanna. Dans la rivière de Gênes on ne fait presque que des vins blancs.

Après avoir quitté les bords de la mer pour pénétrer dans l'intérieur des terres, on franchit une série de pays très-montueux, d'où la vigne disparaît à mesure qu'on s'élève de plus en plus; elle se trouve remplacée par le châtaignier.

La vigne reparaît à Arquata; de cette station jusqu'à Asti, elle couronne tous les coteaux et forme une des principales richesses du pays.

La maladie y règne, mais avec moins d'intensité que dans la rivière de Gênes.

A Serravalle le *rougeot* vient aggraver le mal : toutes les vignes en coteaux ont perdu une partie de leurs feuilles; celles qui restent sur la tige sont d'un rouge foncé, tel qu'on l'observe dans les vignobles à la fin de l'automne : cette affection n'est connue dans cette contrée que depuis deux ans, elle a fait son apparition en même temps que la maladie de la vigne.

A Novi, la plaine a peu de mal: le cépage qui y domine est le *moretto,* raisin à peau dure; sur les coteaux, la maladie est grave : les raisins blancs et ceux dont le grain est très-sucré souffrent plus que les autres : le *nebbiolo* est la variété qui a été la plus maltraitée.

A Gavi, la maladie, après avoir débuté en juin avec beaucoup de rigueur, s'est arrêtée dans les premiers jours d'août, depuis que le temps est redevenu sec et chaud.

Le mal, dans cette localité, avait été grave en 1851 : l'année y avait été très-pluvieuse; en 1852, la saison d'été y a été généralement sèche. La végétation de la vigne offre un bel aspect : les grappes sont nombreuses et bien garnies, malgré la coulure, qui a sévi çà et là; on croit ici que la maladie est en décroissance.

Les principaux cépages noirs cultivés à Gavi sont le *nebbiolo*, le *moretto*, la *pulana;* le premier domine.

Les cépages blancs les plus répandus dans le vignoble sont le *temorazzo* et le *curtese*. La *plazza*, raisin à peau très-dure, mais très-sucré, est celui qui a été le plus fortement attaqué; le *temorazzo* et le *caricalasino* ont le mieux résisté.

En 1851, à Gavi, les parties hautes avaient été peu attaquées; elles le sont presque autant que les parties basses en 1852.

Des vignes en quelque sorte abandonnées sont préservées; d'autres traitées avec soin sont malades.

Les vignes en treilles souffrent beaucoup plus que les autres : on considère leur récolte comme perdue.

La nature du sol n'y fait rien : la vigne est malade

dans les terrains sablonneux comme dans les sols marneux.

A Pietra-Marazzi, près Alexandrie, la maladie s'était à peine montrée en 1851 : quelques souches seulement avaient été atteintes; en 1852, tout le vignoble est envahi. Il a été frappé vers la mi-juillet; en quelques jours toutes les grappes ont été comme enfarinées; mais, un mois après, ce coteau s'était bien relevé: quand je l'ai visité, dans la première quinzaine d'août, le raisin entrait dans sa période de maturation, la poussière cryptogamique avait presque totalement disparu; beaucoup de grains, parvenus à leur grosseur accoutumée, étaient colorés, quelques-uns même déjà mûrs : l'ensemble de la récolte grossissait sensiblement, se débarrassait de sa couleur terne et marchait heureusement vers la maturité; le bois, toutefois, est fortement contaminé; à l'exception des repousses, qui sont chétives et dont les feuilles sont roulées au contour de leur marge, la foliation est franchement verte et vigoureuse.

La maladie a été plus forte dans les parties basses que sur les hauteurs (sol argilo-calcaire).

Les raisins à peau dure et ceux qui mûrissent de bonne heure sont moins attaqués que les raisins à peau tendre et moins précoces.

La maladie existe à toutes les expositions, mais bien moins à l'ouest qu'à l'est.

Vignes jeunes et vieilles sont également atteintes.

La *luglienga* et le *moscatello*, cultivés en treilles, sont fortement malades.

Marengo souffre plus que Pietra-Marazzi : ses vignobles sont en plaine ; le mal, pourtant, n'y est pas considérable.

Les environs d'Asti souffrent infiniment plus ; la maladie y a fait invasion dès les premiers jours de juin, comme en 1851. On y observe la répétition d'un fait déjà constaté ailleurs : des vignes en coteau, en plein midi, sont complétement ravagées, tandis que celles au nord ont peu de mal, et, bizarrerie de cette inexplicable maladie, plus loin, dans le même vignoble, à l'exposition du nord, la moitié de la vigne est fortement atteinte ; l'autre moitié, formée des mêmes cépages et dans le même sol, est intacte.

Chez M. Conte, à l'est d'Asti, la *barbera*, le *grignolino*, ont peu de mal, la *bonarda*, la *balsamina*, la *malvasia nera* et *bianca*, ont été fortement atteintes : le *brachetto* et l'*alleatico* sont les cépages qui ont le plus souffert.

A l'ouest d'Asti, chez M. Rizzoli, la *barbera nera* a bien résisté.

L'*uva rossa*, en 1851, a eu très-peu de raisin et beaucoup de mal dans son vignoble ; en 1852 elle souffre peu et est extrêmement chargée de raisins.

L'*uva crova* est fortement attaquée à côté de la *barbera*, qui n'a rien ou peu de chose.

L'*uva passerrette*, cépage remarquable par ses belles grappes chargées de grains très-petits avec lesquels on fait un vin blanc mousseux fort estimé, est le plant qui a le plus souffert chez M. Rizzoli.

La *nienga,* raisin de table, y est totalement perdue.

La partie basse de ses coteaux est plus malade que la partie haute.

Les vieilles vignes à Asti souffrent moins que les jeunes.

Dans les environs, le raisin et le bois sont généralement plus atteints que les feuilles.

En 1851, le haut Montferrat, la contrée la plus viticole de tout le Piémont, qui fournit le gros vin désigné dans le pays sous le nom de *vino di albergo,* avait beaucoup souffert de la maladie de la vigne; elle a très-peu de mal en 1852.

Dans le bas Montferrat, les dommages sont également peu considérables: Acqui, Castiglione, Nizza la Paria, etc., sont dans ce cas.

Mondovi n'est pas aussi bien partagé; tous les cépages, à toutes les expositions et dans toute espèce de sols, sont attaqués : on y estime la perte à la moitié de la récolte.

Dans les provinces de Saluces et de Pignerol, renommées pour la qualité de leurs vins, plus du tiers de la récolte est perdue. L'*avarengo,* le *nebbiolo,* la *pela verga,* sont les cépages qui y ont le plus souffert.

Aoste, Biella, Ivrée, sont considérablement frappées par la maladie, d'après les rapports des intendants de ces provinces : je n'ai pas visité ces vignobles.

Près de Turin, toutes les vignes sont plus ou moins

attaquées, mais leurs produits ne comptent pas dans la consommation générale ; il suffit de constater qu'elles n'ont pas été plus préservées que les vignobles des autres provinces.

Novare, Arona, Oleggio, Bellinzaco, ont les trois quarts de leur récolte compromis, pour ne pas dire perdus : là se sont arrêtées mes recherches dans les États-Sardes ; on peut les résumer par les faits généraux suivants :

La maladie a sévi plus tôt cette année qu'en 1851; elle s'est considérablement accrue, et ses ravages ont été généralement plus désastreux.

Tous les cépages ont été frappés, mais à différents degrés.

Les raisins à peau tendre ont plus souffert que les raisins à peau dure; les raisins blancs ont été plus attaqués que les raisins noirs.

Les treilles ont eu partout leurs raisins détruits par la maladie.

Les raisins de table, plus fins que les raisins de vignes, sont ceux qui ont généralement le plus souffert.

Plus tôt la vigne a été envahie en 1852, plus la récolte a été compromise; dans l'immense majorité des cas, le raisin résiste d'autant mieux, qu'il a été attaqué à une époque plus avancée de la saison.

Plus le raisin exige de temps pour arriver à sa maturité complète, plus il court de chances fâcheuses; cependant on ne peut en conclure que tous les raisins précoces soient moins exposés à la maladie. Ainsi, dans les États-Sardes, cette année (1852), le cépage connu sous le nom de *luglienga*, le plus précoce de tous les plants qu'on y cultive, a eu presque partout ses grappes complétement détruites.

Les vignobles exposés à l'est et sous l'influence du vent de mer ont été particulièrement maltraités, même assez avant dans l'intérieur des terres. Il est à remarquer que la récolte a été presque entièrement perdue dans les vignobles de la rivière de Gênes situés à l'est, depuis Nice jusqu'à Livourne.

Dans tous les sols, sols calcaires, sols siliceux, sols argileux et argilo-calcaires, la vigne a été en proie au fléau; on a remarqué cependant qu'elle avait moins souffert dans les terrains légers que dans les terrains forts.

Les bas-fonds, en général, ont eu plus de mal que les hauteurs; dans certaines localités toutefois, et sans causes extérieures appréciables, le contraire a eu lieu.

Bien qu'en général les vignobles atteints de la maladie en 1851 le soient aussi en 1852, on en trouve plusieurs cependant qui, attaqués en 1851, ne l'ont pas été en 1852. Quelques cépages sont aussi dans ce cas qui donne tant d'espoir de voir le fléau disparaître. Chez M. Rizzoli, près d'Asti, l'*uva rossa*, en 1851, avait été fort maltraitée; cette année, elle est presque épargnée dans ses grappes; le sarment seul est maculé; la végétation est fort belle. Ce fait doit être rapproché de plusieurs autres semblables relevés dans nos départements du midi; il s'est présenté aussi aux environs de Paris.

Vignes jeunes et vignes vieilles, et même les pourrettes, ont été la proie du fléau.

Dans tous les vignobles, les vignes les plus vigoureuses qui ont émis les jets les plus nombreux et d'une belle venue, qui sont à la fois chargées de feuilles et de raisins, ont été plus fortement attaquées par la maladie.

La culture, les engrais, n'ont pas préservé les vignes de la maladie; mais façons et fumures ayant pour but de maintenir la vigne en bon état sont partout regardées comme une condition essentielle pour le sort ultérieur de cette plante, bien qu'on ait vu, sur plusieurs points, des vignes dans un sol pauvre, mal tenues et presque abandonnées, résister mieux que d'autres bien cultivées et dans de bons fonds.

Tous les remèdes essayés contre la maladie de la vigne ont été sans résultat dans les États-Sardes; on ne cite aucune vigne qui ait péri, par suite du fléau.

ROYAUME LOMBARD-VÉNITIEN.

La maladie de la vigne y sévit depuis 1851. Considérée d'une manière générale, elle est beaucoup plus grave cette année dans la Lombardie que dans les États-Sardes, d'ailleurs si maltraités. Les faits suivants en fournissent la preuve.

En partant de Sesto-Calende jusqu'à Varèse, tous les vignobles situés sur les bords du lac Majeur offrent le plus triste aspect: grappes et sarments sont complétement noirs; les feuilles sont recoquillées, flétries et rougies comme si la gelée les avait brûlées. Les communes d'Angera, Ispa, Gavinate, Altrona, Casina del Ronco, Comercio, sont particulièrement ravagées : les deux tiers de la récolte y sont perdus.

A Cartabbia, près Varèse, dans le beau domaine appartenant à M. Foscarini, la maladie, peu grave en 1851, a paru plutôt en 1852; elle s'y montre aussi plus intense. Le vignoble a été envahi dès le 15 mai. Il repose sur un sol calcaire siliceux, mêlé d'oxyde de fer; il est disposé en terrasses (ronchi) et à l'exposition de l'ouest.

Le premier cépage attaqué a été la *spana*, raisin à peau très-tendre, donnant très-peu de vin, vin faible et peu coloré; ses grappes sont ordinairement fort belles. Au 21 août 1852, les grappes étaient entièrement noires; leurs grains, fendus, laissaient voir les pepins; feuilles et sarments n'ont été frappés que dans les premiers jours de ce mois; récolte complétement perdue.

Dix jours après la *spana*, le *paganone* a été atteint: il est tout aussi maltraité; la *patriarca* a eu son tour ensuite; toutes ces variétés sont des raisins rouges. La *martinenga*, l'*agostana*, parmi elles, sont celles qui ont le mieux résisté; leurs grappes sont couvertes de la poussière cryptogamique, mais leurs raisins ne sont pas fendus : ils arriveront, en partie, à maturité.

Tous les raisins blancs, *malvasia, moscatella*, ont été attaqués à peu près en même temps que les raisins rouges.

Les parties basses, dans ce domaine, sont aussi attaquées que les hauteurs; là où le terrain est plus humide, la vigne a résisté plus longtemps.

La maladie est moins forte dans les sols compactes.

Les *ronchi*, au sud, ont été moins attaqués que les vignobles de la plaine; l'exposition sud cependant a eu plus de mal que l'exposition nord.

A Cartabbia, tous les raisins blancs disposés en ronco, tenus avec le plus grand soin, ont été plus fortement frappés que les raisins rouges.

La maladie a sévi plus gravement sur les raisins donnant un vin rouge faible et sur les raisins donnant un vin blanc fin.

A ses débuts la maladie cheminait lentement; mais, après une pluie survenue dans les premiers jours d'août, ses progrès sont devenus effrayants : ils continuaient encore au 22 août.

Vignes vieilles, vignes jeunes, rien n'a été épargné.

Tout est perdu sur les treilles. Dans le reste du vignoble, les trois quarts de la récolte sont détruits par la maladie.

Ce qui se passe à Cartabbia se reproduit au même

degré dans la plupart des vignobles des environs de Varèse.

Côme et ses magnifiques coteaux couverts de vignobles souffrent considérablement.

La maladie est désastreuse à Monte-Orobbio, près de la province de Bergame, au pied de l'Adda. Elle n'y existait pas en 1851 ; la plaine seule était atteinte, et fort peu. L'invasion a eu lieu en 1852 dès les premiers jours de mai ; du soir au matin, on a pu suivre les progrès du mal.

Raisins blancs, raisins rouges, ont été également frappés. Les cépages du pays, l'*inzaza*, la *bresciana*, la *barzamina* (vins rouges), sont ceux qui ont le mieux résisté ; les raisins étrangers, l'*alleatico de Florence*, le *plant de Bourgogne*, le *moscato*, ont été fort maltraités.

Ce vignoble, l'un des plus renommés de toute la contrée, fort réputée elle-même (la Brianza), occupe une colline rapide, de 40° environ d'inclinaison ; le sol en est calcaire : il regarde le plein midi. Les vignes y sont en lignes (*fili di viti*) à 90 centimètres les unes des autres dans les lignes : un intervalle de 2 à 4 mètres cultivé alternativement en blé et maïs sépare chaque ligne.

Les expositions est et ouest ont moins souffert que le midi.

Le haut et le bas de la colline sont également malades.

La grappe a été envahie la première ; le bois a été

attaqué ensuite; les feuilles ont été prises en dernier, au commencement de juillet. Ce vignoble, à la fin du mois d'août, n'offrait qu'un aspect désolé ; on se serait cru, en le voyant, au commencement de novembre, époque ordinaire de la vendange à Monte-Orobbio. La plupart des grappes étaient réduites à quelques grains; encore ceux-ci étaient-ils fendus, séchés et entremêlés d'un petit nombre de grains déjà colorés et parfaitement sains. Le bois était entièrement contaminé.

Ce vignoble reçoit chaque année trois façons données avec la houe à main (zappa). Quand la vigne y est florissante, tous les tuteurs sont garnis de pampres qui en dérobent la vue; les feuilles brillent d'un beau vert foncé. Aujourd'hui (24 août), elles sont jaune-rouge, pulvérulentes, tordues sur elles-mêmes, et les tuteurs montrent leur bois nu sur les deux tiers de leur longueur.

Un jeune plant en pépinière est atteint de la maladie sur ses feuilles et sur son bois; les vignes vieilles sont également attaquées.

Sur la colline de Mondonico, à 4 milles de Monte-Orobbio, et du double plus élevée que ce vignoble, la vigne est encore plus maltraitée : toute la récolte est perdue.

A Osnago, chez M. le comte Aresi, la maladie, insignifiante en 1851, s'est déclarée avec force en 1852: on estime la perte aux deux tiers de la récolte. Les raisins étrangers au pays, le *piemontese*, l'*uva della roca*, *di Novara*, la *barbera*, le *plant de Bourgogne*, sont les cépages qui ont le plus souffert; ceux du pays, *colbere*, *slave*, *rossere* (raisins rouges), ont le mieux résisté.

La maladie a commencé aussitôt après la fleur; elle s'est développée peu à peu, elle augmente toujours (derniers jours d'août); année humide, il pleut sans cesse.

Ce vignoble est dans un terrain silico-argileux, généralement à l'est; le sud et l'est sont les deux expositions qui souffrent le plus : le nord a beaucoup moins de mal.

Vignes vieilles et vignes jeunes sont également attaquées. Au pied de Monte-Vecchio, un ronco de trois ans à l'exposition du sud est fortement endommagé.

Les vignes à vin blanc ont leur sarment à peine atteint; les feuilles, en revanche, sont très-malades, surtout au point d'attache du pétiole.

Les raisins blancs souffrent plus que les raisins rouges.

Ronco parfaitement tenu, les vignes y forment des guirlandes (*filagni a ghirlanda*): il reçoit trois façons à la main chaque année; on ne prend aucune récolte dans les intervalles non complantés.

Le vignoble se compose de cépages blancs et rouges, indigènes et étrangers, mêlés tous ensemble.

La végétation ici est précoce; le raisin est presque mûr à la fin d'août, mais il se fend et se dessèche sur pied; il se détache et tombe pour peu qu'on secoue la souche.

Ce ronco avait été épargné en 1851; les deux tiers de la récolte sont considérés comme perdus.

A Monte-Vecchio, renommé par ses vins blancs et rouges, on n'aura que le cinquième d'un rendement ordinaire.

Chez M. le marquis Bellini, à Carsanega, le dommage a été peu considérable en 1851; en 1852, la maladie a commencé avec le mois de mai et a sévi plus fortement. Les vignes atteintes *dans le principe* sont en voie de guérison; la poussière cryptogamique est tombée (fin d'août); le grain est gros, bien nourri et marche rapidement vers sa maturité.

Par contre, les vignes attaquées au moment de la formation du raisin ont été toujours de plus en plus malades; les grains infestés n'ont cessé de perdre de leur volume, ils sont tout pulvérulents et réduits à néant. La maladie continue (24 août); un ronco préservé jusqu'à la semaine dernière est fortement entrepris aujourd'hui; le raisin déjà coloré crève, se dessèche, puis tombe.

Les raisins blancs, ceux légèrement rosés et les raisins très-sucrés et qui ont la peau la plus fine, comme l'*uva rossa* et le *moschatello*, ont été attaqués les premiers et le plus fortement; les autres raisins blancs ordinaires souffrent moins. Parmi les cépages rouges, le *nebbiolo* est celui qui a eu le plus de mal ici; après lui, le *pignolo* et le *rossere*.

Aucune espèce de sol n'a été épargnée. La vigne a

été malade à toutes les expositions, moins cependant à celle du nord.

Sur quelques points, la maladie s'est développée peu à peu ; dans certains endroits élevés, elle a éclaté comme la foudre : hier aucun mal, aujourd'hui tout est envahi, disait dans son langage énergique le sieur Luigi Carenzio, régisseur de M. le marquis Bellini et fort bon observateur. Il a remarqué, à Carsanega, que le raisin autour duquel l'air joue plus librement souffre davantage : des grappes, en grand nombre, cachées naturellement sous un feuillage épais avaient moins de mal que d'autres exposées à l'action directe du soleil et de la lumière ; le raisin près de terre, enfoui, pour ainsi dire, dans l'herbe, était moins attaqué que celui situé vers le sommet de la souche. Ailleurs, le contraire avait lieu.

Dans la province de Brescia, plaines et coteaux sont attaqués ; beaucoup de propriétaires s'attendent à perdre les deux tiers de leur récolte.

A Flero, chez M. Jules Grasseni, la maladie ne s'est montrée en 1851 que vers la mi-août : la perte a été d'un quinzième de la récolte ; en 1852, elle a paru dès le mois de juin : elle est infiniment plus grave.

Le sol de la propriété est argilo-siliceux, avec sous-sol imperméable, mais assaini à l'aide de nombreux fossés d'écoulement. Le vignoble est en plaine, exposé à l'est-sud ; le côté de l'est est le plus malade.

Raisins rouges et blancs ont été indistinctement attaqués, mais le mal s'est fait surtout sentir sur les raisins à peau tendre et sucrés, tels que le *berzamino,* la *vernaccia* et le *teinturier de Bourgogne.*

La grappe a été attaquée conjointement avec le bois; sur les vignes les premières atteintes, le raisin ne s'est pas développé et est resté pulvérulent : c'est précisément le contraire de ce qui a eu lieu à Carsanega.

Chez M. Grasseni, les treilles (*pergolati*) sont adossées les unes contre les autres, et forment de vastes berceaux ayant quatre mètres de large sur une longueur variable; l'air y circule peu : c'était une condition favorable dans le domaine de M. le marquis Bellini; ici, elle n'a pas sauvé la vigne d'une ruine presque totale.

Mais, si les *pergolati* ont cruellement souffert, les *filari* n'ont pas été plus épargnés. A Flero, on appelle de ce nom le vignoble où chaque pied d'arbre (frêne ou petit érable) donne appui à six ou huit pieds de vignes : l'ensemble de ceux-ci constitue *una posta;* chaque *filaro* se compose d'un certain nombre de *poste.* Les vignes se dirigent dans le sens longitudinal et latéral, soutenues, dans ce dernier cas, par un tuteur ou perche en bois; elles représentent les branches d'une croix de droite et de gauche, et retombent en festons d'un arbre à l'autre. L'intervalle qui sépare chaque *filaro* varie de seize à vingt mètres, et est soumis à la charrue.

Le *berzamino* et la *vernaccia* sont les deux cépages

qui dominent dans les *filari:* ils donnent ici un gros vin sans couleur et sans force; ils ont été gravement frappés par la maladie. La partie haute du vignoble a été bien plus maltraitée que la partie basse, quoique le sol soit plus humide dans cette dernière; la récolte y est perdue.

A Gussago, pays renommé dans la Lombardie par ses riches vignobles, la maladie présente trois degrés à l'observation : dans la plaine, tout est perdu : le cépage rouge, la *vernaccia,* y domine. Cette partie du territoire avait été atteinte en 1851 ; elle l'a été plus tôt et plus fortement en 1852 ; dans la partie moyenne, chez le docteur Vivenzi, un *pergolato* formé avec l'*uva luglienga,* complétement sain jusqu'aux premiers jours d'août, était détruit par la maladie le 26 du même mois. Non loin de là, un *pergolato de berzamina* et de *schiava rossa* (raisins à peau tendre) était préservé; le muscat était ruiné. La *vernaccia,* si maltraitée dans la plaine, avait été épargnée ici.

Dans la colline (Gussago al Colle) chez MM. Fratelli Chinelli, la maladie a paru à la fin de juin, un mois après s'être déclarée dans la plaine : ces vignes sont cultivées en berceaux.

La *vernaccia* et la *berzamina* forment les principaux cépages du vignoble. Les neuf dixièmes de la récolte sont perdus.

La maladie a marché graduellement; un temps d'arrêt a eu lieu en juillet par les fortes chaleurs, la pluie lui a donné une nouvelle impulsion : elle continue encore aujourd'hui (26 août). Dans cette contrée, l'hiver a été sec; en avril, mai et juin, beau temps soutenu, chaud et sec; en juillet et août, alternatives de fortes chaleurs et d'humidité.

Dans certaines parties de la colline, les jeunes vignes ont été attaquées les premières: dès qu'elles ont commencé à végéter, le bois a été frappé; mais généralement la maladie s'est jetée d'abord sur la grappe. Le sol de Gussago est argilo-calcaire; les vignobles de la colline regardent le midi : l'exposition nord a visiblement moins souffert; la partie nord du *Monte santissima* n'avait encore aucun mal à la fin du mois d'août.

A Celatica, pays très-fertile, renommé pour son vin, qui s'exporte entièrement à Milan, la vigne est cultivée en berceaux comme chez MM. Fratelli-Chinelli, sur une colline étagée, en plein midi, la maladie est très-intense et emportera les trois quarts de la récolte. Il en est de même à Crocera, contrée dont le vin jouit d'une bonne réputation. Dans le ronco de M. Carlo Ricardi, aux portes de Brescia en tirant vers l'est, les vignes situées au nord sont presque intactes; celles à l'est, mais surtout celles du midi, sont très-malades. Un fait curieux mérite d'être signalé chez ce propriétaire fort éclairé : partout où la vigne a été plantée sur défoncement et dans un sol bien assaini les ceps sont vigoureux et faiblement atteints par la maladie; partout, au contraire, où la vigne a été plantée dans un sol non défoncé, les ceps sont ravagés et présentent l'aspect le plus chétif. Ce fait se vérifie notamment sur plusieurs rangées de vignes plantées alternativement d'après l'une et l'autre méthode : M. Ricardi en conclut avec raison qu'une bonne préparation du sol et une culture soignée, si elles ne préservent pas absolument de la maladie, l'atténuent en partie et conservent à la vigne sa vitalité, un jour peut-être le salut des récoltes futures.

La moitié de la récolte est perdue chez ce propriétaire ; ses treilles, au midi, n'ont aucun mal. Les principaux cépages de son vignoble sont la *berzamina,* la *vernaccia* et la *corva;* ce dernier, à peau très-dure et à raisin âpre, a très-peu de mal; le muscat est aussi à peu près épargné.

Ainsi des autres vignobles près de Brescia: la perte y varie de la moitié aux deux tiers de la récolte.

D'après M. Manetti, directeur des biens de la couronne, à Monza, près Milan, la maladie s'est montrée en juin 1851 dans cette contrée, mais elle y a fait peu de mal; cette année, elle a fait invasion après la floraison de la vigne et elle est plus grave.

Tous les cépages, dans toute espèce de sols, ont été attaqués ici : le *frankin-thal* a été le plus maltraité; le *muscat* et le *raisin de Corinthe* ont ensuite le plus souffert.

Raisins rouges, raisins blancs, ont été également atteints au même degré. Les espaliers ont été ravagés. Les vignes à l'ouest ont plus souffert que celles à l'est, celles-ci plus que celles au midi et celles au midi plus que celles situées au nord.

La maladie a eu une marche graduée; mais, après une pluie survenue vers la mi-août, ses progrès ont été très-rapides.

Le mal s'est d'abord déclaré sur les feuilles, puis sur le raisin, et enfin sur le bois.

Vignes jeunes et vieilles sont également atteintes.

Par le temps sec et chaud, la vigne résiste mieux à la maladie et semble faire effort pour s'en affranchir.

Les deux tiers de la récolte sont perdus à Monza; mais les vignes, cette année, sont chargées d'une grande quantité de raisins.

Desenzano, Peschiera, Cisano, le val de Policella, sont ravagés par la maladie; les trois quarts de la récolte sont détruits; la grêle, sur plusieurs points, a contribué à ce désastre.

VÉNÉTIE.

La Vénétie a été bien moins éprouvée par le fléau que la Lombardie; dans maints endroits, il est vrai, la maladie s'y est déclarée pour la première fois en 1852. Plusieurs localités cependant ont été fortement atteintes; mais, à mesure qu'on se rapproche de Venise, il y a de moins en moins de dommages : il est digne de remarque que les contrées baignées par l'Adriatique ont été presque entièrement préservées de la maladie, tandis que tous les pays qui confinent à la Méditerranée ont été déplorablement ravagés.

A Bardolino, sur le lac de Garda, la maladie a peu de gravité : la perte sera tout au plus d'un cinquième.

Les raisins à peau fine ont été les premiers attaqués, la *negrara*, la *carniola* sont ceux qui ont le mieux résisté: on cultive fort peu de raisins blancs ici. La maladie n'y date que de cette année.

Cola, au contraire, entre Bardolino et Vérone, souffre beaucoup.

Chez M. le comte Miniscalchi, tous les raisins de France sont fort maltraités; les treilles ont perdu leur récolte. Parmi les raisins blancs, la *lugliana*, le *moscato*, la *trebbiana*, sont dans le même cas; mais beaucoup de cépages indigènes ont bien résisté: tels sont le *majolo*, la *rossanella*, la *corvina*, la *pomela*.

Les feuilles ont été attaquées les premières; le sarment n'a été atteint qu'en dernier lieu.

Dans ce vignoble, les vignes basses les plus près de terre sont tout à fait saines; la vigne souffre d'autant plus qu'elle est plus élevée.

Les vignes placées dans les meilleurs fonds et les plus vigoureuses sont beaucoup plus malades que les autres; des vignes complantées dans des sols arides n'ont aucun mal.

Le nord et le sud ont été également frappés, mais les vignes à l'est sont intactes. Les vieilles vignes ont plus souffert que les autres.

Par un temps sec et chaud, les raisins *déjà nourris* s'améliorent et se débarrassent de la poussière cryptogamique. La pluie, à la fin de juillet, a fait le plus grand mal.

Les vignes à *palo seco* (arbre mort sur lequel grimpe la plante) ont eu plus de mal que les *filari*. Ceux-ci, sur certains points, n'ont qu'un quart de déficit; sur d'autres, la perte est des deux tiers; ailleurs, elle arrive aux quatre cinquièmes de la récolte. En général, dans cette contrée, on regarde les deux tiers de la récolte comme perdus.

D'ici à Vérone, le sol est éminemment calcaire et très-accidenté.

De Vérone à San-Bonifacio, passant par Caldiero, la maladie est grave; en revanche, de Montebello à Vicence il y a peu de mal.

Dans la province de Vicence, la maladie s'est montrée dès 1851, mais à peine s'en est-on ressenti; en 1852, elle a commencé après la floraison de la vigne.

Les raisins fins à peau tendre sont ceux qui ont le plus souffert : la *berzamina*, la *negrara*, et le *pignole* sont les trois cépages qui ont le plus souffert.

La vigne ici court sur les arbres (noyers, peupliers, érables); d'un arbre à l'autre, ses sarments retombent en guirlandes : c'est ce qu'on nomme *pergole*.

La montagne a plus souffert que la plaine; les vins fins, les vins blancs y dominent.

Il y a eu recrudescence après chaque petite pluie; de

fortes pluies, au contraire, amenaient une amélioration sensible. (Cette année 1852 a été très-sèche à Vicence.)

Quelques vignes attaquées en 1851 ont été épargnées en 1852.

Les vignes les plus vigoureuses ont été les plus malades.

Le raisin attaqué, lorsqu'il commençait à se former, est perdu; celui qui n'a été atteint que plus tard a pris le dessus.

Les plants étrangers sont moins maltraités en général que les cépages indigènes.

La maladie semble sévir comme si elle était charriée par des courants d'air : (*anda per corrente d'aria la malattia*), disent les Italiens.

Aucune exposition n'est plus frappée que l'autre; ici, les raisins le plus rapprochés de terre sont les plus malades, là, c'est le contraire; sur certains points les raisins le plus abrités par les feuilles ont moins de mal; sur d'autres, ceux en plein soleil souffrent beaucoup moins : il est impossible d'assigner de caractère special à la marche de la maladie.

Aux environs de Vicence, le mont de la Croceta jusqu'à Monteviale est le vignoble le plus maltraité : la maladie y est d'autant plus forte, qu'on approche davantage du sommet; le plant de *berzamina* y domine. On estime la perte de la moitié aux trois quarts.

Dans la province de Padoue la vigne se cultive par *pergole*.

La maladie y a paru en 1851, dans les quatre premiers jours d'août; dans la dernière quinzaine de ce mois, elle s'est répandue dans les districts de Padoue, Mirano, Campo-Sampiero, Battaglia, Teolo, Montagnana, Este, Monselice, Conselve et Piove, respectant toutefois ceux de Noale et de Piazzola. Elle n'a fait, cette année-là, aucun mal; elle n'était, pour ainsi dire, qu'un objet d'étude ou de curiosité, mais elle inspirait déjà des craintes pour l'avenir.

En 1852, la maladie a fait invasion dès les premiers jours de juin, dans la partie nord-ouest de la province; elle s'est avancée graduellement, de manière que les districts situés au midi n'ont été atteints que dans le mois de juillet. Vers la fin de ce mois, il y a eu un temps d'arrêt, la maladie s'est réveillée dans les derniers jours d'août, mais sans beaucoup de gravité.

Le mal varie de commune à commune et même de vignoble à vignoble : ici, il y a perte d'un sixième, là d'un cinquième, ailleurs d'un quart, plus loin d'un tiers et dans certains endroits de moitié ; on estime que, dans l'ensemble de la province, le dommage s'élève tout au plus au tiers de la récolte.

Les raisins à peau tendre, tels que la *corbina*, la *corbinetta*, la *marzemina*, la *pignola*, *etc.*, sont ceux qui ont le plus souffert; les raisins blancs ont été plus malades que les raisins noirs : les cépages qui ont le mieux résisté sont la *pateresca* et la *fraclara* et les autres variétés à peau dure.

Les coteaux ont eu plus de mal que la plaine: les raisins blancs y dominent comme dans la province de Vicence ; toutefois, il n'y a rien d'absolu à cet égard, puisque certains vignobles des coteaux ont moins souffert que plusieurs vignes de la plaine.

Le pédoncule de la grappe a d'abord été atteint, puis les pédicelles ont été frappés et enfin le raisin : le sarment et les feuilles l'ont été dans le même temps. La vigne a d'autant plus souffert, que le mal était plus ancien.

Le reste de la Vénétie a eu peu de mal ; mes recherches dans le royaume Lombard-Vénétien se sont arrêtées à Venise.

En comprenant la Lombardie et la Vénétie, la perte totale de la récolte en 1852 s'élève aux deux tiers ; la proportion change si l'on distingue l'un de l'autre : en Lombardie, perte variant des deux tiers aux trois quarts ; du lac de Garda à Venise, c'est-à-dire dans les provinces de Vérone, Vicence et Padoue, il y a perte de moitié sur les coteaux, d'un quart seulement dans la plaine.

Tous les remèdes essayés ont échoué, aucune vigne n'est morte de la maladie.

Les faits généraux particuliers à ce royaume rapportés ci-dessus peuvent se résumer ainsi :

La vigne attaquée par la maladie en 1851 l'a été également en 1852, mais d'une manière plus générale et plus grave ; elle s'y est montrée aussi plus précoce.

Dans la plupart des cas, elle a commencé en 1852 aussitôt que le raisin s'est formé : tout ce qui a été atteint immédiatement après la floraison, a considérablement souffert et, dans maints endroits, a été détruit ; par exception, à Carsaniga, dans la province de Côme, les grappes atteintes au début de l'invasion se sont trouvées en voie de guérison vers la mi-août ; ordinairement, la maladie est d'autant plus intense et plus désespérée, que sa date est plus ancienne.

Généralement la grappe a été envahie la première, le bois a été attaqué ensuite ; les feuilles n'ont été atteintes qu'en dernier lieu, soit à la fin de juillet, soit dans le courant d'août.

La maladie a eu le plus souvent une marche graduée, c'est-à-dire qu'elle s'est développée peu à peu ; dans plusieurs localités, cependant, elle a fait irruption subite et a présenté, à son origine, une si grande intensité, que tel vignoble, intact encore à la fin de juillet, a été ravagé dans les dix premiers jours du mois d'août.

La maladie, quand elle a été stationnaire, n'a eu généralement de temps d'arrêt que pendant les quinze jours les plus chauds du mois de juillet ; après les pluies survenues au commencement d'août, il y a eu recrudescence. Presque tous les propriétaires déclarent que les petites pluies qui n'ont fait qu'abaisser légèrement la température, en la rendant plus humide, ont beaucoup contribué à développer la maladie : dans certaines localités, on s'est bien trouvé des pluies torrentielles de la première quinzaine d'août; elles ont lavé la grappe et fait grossir le raisin : ailleurs, elles ont aggravé le mal.

La forte chaleur et le temps sec ont été regardés partout comme d'excellentes conditions pour le rétablissement de la vigne.

Dans tous les sols, sans exception, la vigne a été en proie au fléau. Sur quelques points, elle a moins souffert dans les sols argileux.

En Lombardie, le nord a été moins maltraité que le sud; l'est a eu plus de dommages que l'ouest. Dans le Piémont, c'est l'est qui a le plus souffert.

Partout, les treilles ont été plus maltraitées que les vignes en lignes et que celles grimpant sur les arbres.

Les coteaux ont eu plus de mal que la plaine : ce fait est surtout évident dans les provinces de Vérone, Vicence et Padoue.

Les raisins blancs à peau tendre sont partout plus attaqués que les raisins rouges à peau dure.

Vignes jeunes et vieilles sont également malades.

Dans certains vignobles, les raisins étrangers sont ceux qui ont le plus souffert; dans d'autres, ils ont été à peu près épargnés; ailleurs, les cépages indigènes ont bien résisté.

Aucun remède n'a produit de résultat.

Aucune vigne n'est morte par suite de la maladie.

DUCHÉ DE MODÈNE.

Dans les États d'Este en deçà des Apennins, la maladie de la vigne a été moins grave cette année qu'en 1851 ; dans la Lumigiana et à Massa, au contraire, elle a été plus intense : elle a fait beaucoup de dégâts à Vignola.

La maladie a paru vers la fin de mai et dans le courant de juin, en 1852; en 1851, elle n'avait commencé qu'en août.

Les cépages attaqués les premiers sont la *berzamina*, la *covra* (raisins noirs); parmi les raisins blancs, la *lonza*, la *trebbiana*. Les raisins à peau tendre sont ceux qui ont généralement le plus souffert : tels sont, entre autres, la *bigarella*, la *covra gentile*. Les raisins à peau dure ont bien résisté, et parmi eux surtout la *lambrusca*, la *sangiovese*, le *dalloro*.

Le muscat, qui avait été détruit en 1851 à Freto, n'est atteint cette année que sur les sarments; les raisins n'ont pas la maladie : même fait à Casinalbo.

Les raisins blancs ont généralement plus souffert que les raisins rouges. Cependant, à Vignola, Riomardello, Maranello, Sassuolo, Boneporto, les raisins rouges sont aussi malades que les raisins blancs.

A Nonantola, dans le domaine Salimbeni, pas une grappe n'est malade, mais le bois est contaminé.

Il est à remarquer, d'après M. Giovanni de Brignoli, que, dans tous les États d'Este, pas une seule grappe n'est arrivée complétement à maturité; toutes ont eu plus ou moins de grains verts mêlés aux grains mûrs. La maturité, en 1852, a été retardée et inégale.

On n'a pas vu trace de la maladie sur le raisin dans le vignoble Giovanardi, à Firmiggine, exclusivement complanté en cépages étrangers; mais les sarments sont atteints.

A Casinalbo, l'*alleatico* a commencé à se fendre vers la maturité : il a fallu avancer la vendange; la même chose a eu lieu pour le raisin de Corinthe.

La maladie a paru plus forte dans les bas-fonds; on l'a vue à toutes les expositions, cette année, où la température, comme en 1841, a subi des variations tout à fait anormales.

Une bonne culture a aidé la vigne à se défendre contre la maladie.

Les progrès du mal ont été lents pendant les journées chaudes et sèches, rapides dans les jours chauds et humides. A son début, la maladie n'avait pas de gravité. La poussière cryptogamique augmentait par de petites pluies; les pluies torrentielles en débarrassaient le raisin : même fait déjà observé dans le royaume Lombard-Vénitien.

La maladie s'est arrêtée vers la mi-août, la température étant alors très-élevée; mais, vers le milieu de septembre, il a plu abondamment, la maladie a repris avec force et s'est étendue rapidement.

Les raisins ont été attaqués d'abord. En 1851, la maladie a été plus forte dans la plaine; en 1852, les coteaux souffrent davantage : au fur et à mesure qu'on s'éloigne de ceux-ci, la maladie est moins forte. Des vignes de muscat et de malvoisie qui, en 1851, n'avaient point donné de raisins, sont absolument intactes cette année.

Le sol, le mode de culture, n'ont exercé aucune influence sur la maladie.

Dans le duché de Modène, à part quelques vignobles exceptionnels, toutes les vignes courent sur les arbres, il n'y a pas de vignes basses; la maladie n'y a réellement causé que des dommages partiels et insignifiants.

Les vignes luxuriantes ont été attaquées de la maladie tout autant que les vignes chétives.

Vignes vieilles, vignes jeunes, ont eu le même sort; toutes ont été atteintes sans qu'on ait pu observer de différence dans le degré de la maladie.

Aucune vigne n'est morte, dans le duché de Modène, des suites de la maladie.

TOSCANE.

Les recherches relatives à la maladie de la vigne dans le grand-duché de Toscane ont eu lieu dans les domaines royaux de San-Rossore, Coltano, Cecina, Volterra, au pied des collines de ce nom; Dolciano, Acqua-Viva, Abbadia, Chianacce, Creti, Montecchio,

Fojano, Fontarronco, Frassineto, la vallée de Chiana, ont été aussi explorés; enfin, la factorerie de Poggio-Cajano et des Ginestre, Poggio Imperiale, dans la vallée de l'Arno, près Florence; Prato-Vecchio, au pied de l'Apennin; Cafaggiolo, dans le val de Sieve, plus connu sous le nom de Mugello; l'île d'Elbe, la Maremme (Campiglia), la vallée d'Elsa (Poggibonsi), le Pistojese, le val de Bisenzio, la plaine de Pise, la plaine et les coteaux de Florence ont été, à leur tour, l'objet d'investigations.

La maladie, en 1851, s'est déclarée en juillet, d'abord, dans la plaine de Pise, et, de là, elle s'est étendue aux environs de Florence et de Pistoie. En 1852, on l'a signalée dès le mois d'avril.

Le 28 mai, le docteur Targioni-Tozzetti recevait de la Maremme des branches de vigne infestées de la maladie. A cette époque, elle envahissait Poggio Imperiale et Poggio-Cajano; Livourne, Pise, Empoli, étaient frappées dans le même temps.

Le 3 juillet, la maladie se montrait, mais sans gravité, près de Poggibonsi, dans la vallée d'Elsa, dans le domaine royal de Cafaggiolo, à Mugello, dans la vallée de Chiana et dans les domaines de Cecina et de Volterra.

Du 3 au 10 août, elle se répand avec une extrême intensité aux environs de Florence et de Lucques et dans la vallée d'Elsa, mais bientôt elle reste stationnaire près de Florence et dans le Mugello; dans la vallée de Chiana, elle fait des progrès, mais peu rapides.

Du 10 au 16 août, temps d'arrêt près de Lucques.

Elle occasionne des dégâts notables dans le val d'Arno supérieur, dans les vallées de l'Ombrone et du Bisenzio et dans celle de Chiana.

A la fin de juillet, la maladie avait déjà causé de grands ravages sur les territoires de Lucques, de Pise, de Livourne, et dans le Mugello. Elle s'était arrêtée dans la vallée de Cecina et près de Volterra, aux environs de Florence et dans la vallée de l'Ombrone.

A partir de cette époque jusque vers la mi-août, la trêve est presque générale, mais la maladie se réveille à mesure qu'on approche de la vendange; beaucoup de raisins alors se fendent et se dessèchent.

Sauf quelques exceptions, tous les vignobles atteints de la maladie en 1851, ont été frappés en 1852 plus tôt et plus fortement. Beaucoup de vignes peu malades ou même intactes l'année précédente, ont été atteintes en 1852. Les vallées d'Elsa, de Chiana, le Mugello et le val d'Arno supérieur ont été particulièrement dans ce cas.

Bien que la maladie ait été observée dans toute espèce de terrains, elle s'est montrée plus intense dans les sols argileux; les terrains sablonneux ont plus souffert que les sols calcaires.

La maladie a d'abord commencé par les bas-fonds; de là elle a gagné les collines, puis les montagnes. Comme exemple particulier de ce fait généralement observé, on peut citer les plaines basses du Poggio-Cajano, point de départ de la maladie, qui a gagné la plaine de Prato et de celle-ci s'est répandue jusque sur l'Apennin, en remontant la vallée du Bisenzio.

Tous les cépages ont été frappés par la maladie. Les raisins à peau fine, particulièrement les raisins blancs, ont été plus maltraités; les raisins noirs doux qui ont le plus souffert sont les *colori, l'agresto* ou *uva di tre volte, l'abrostine, il mammolo, la sapa;* parmi les raisins noirs aigres, *la lacrima, il sangioveto, lo strozza-prete,* ont été les plus malades; et enfin, parmi les raisins blancs, *i trebbiani, la malvagia, il biancone, la scralamanna, la galletta, la regina, la lugliola.*

Les vignes en treilles, celles grimpant aux arbres, ont plus souffert que les autres.

Les bas-fonds humides ou ombragés ont été fort maltraités.

Le raisin préservé de la maladie et celui qui a été assez heureux pour s'en débarrasser sont arrivés à bonne maturité; celui qui se trouvait fortement atteint s'est fendu et s'est desséché sur pied comme en 1851.

La maladie a été plus forte dans les vignobles au sud et au sud-ouest que dans ceux situés au nord ou à l'est.

D'après les expériences faites avec le plus grand soin par M. Targioni-Tozzetti, le raisin a rendu autant en parties fluides que dans les années ordinaires; sa fermentation s'est comportée régulièrement.

Le raisin malade, mais non complétement desséché, a rendu autant en fluide, à volume égal, que le raisin sain; mais, à poids égal, son rendement a été bien inférieur.

La fermentation dans le vin provenant du raisin malade a été plus tardive, plus faible et de moindre durée; le vin a été sans couleur, fade, potable cependant.

Partout, dans la Toscane, la vigne était chargée d'une magnifique récolte en 1852.

Dans certains vignobles, comme, par exemple, à San-Rossore et à Coltano, où l'on retire annuellement *di parte domenicale* deux mille barils de vin, on n'en a eu cette année que soixante et dix : la perte peut y être considérée comme totale. Ailleurs il y a eu plus ou moins de mal.

Dans les territoires de Lucques et de Pise, la récolte a été entièrement détruite. Les Maremmes, le long de la Méditerranée, ont aussi beaucoup souffert; on porte le dommage au tiers de la récolte.

Dans le Pesciatino et le Pistojese, la perte est de la moitié d'un rendement ordinaire.

Dans le val d'Arno, depuis Pise jusqu'à Florence, le mal va toujours diminuant à mesure qu'on se rapproche de cette dernière ville. Les cinq sixièmes de la récolte sont détruits près de Pise; à Florence on ne perd plus qu'un quart.

Dans le Siennois et à Mugello, ainsi que dans la vallée de la Chiana, la perte varie du quart au sixième.

La Toscane peut donc être rangée parmi les contrées de l'Italie où la maladie de la vigne a sévi avec intensité en 1852.

Ici, Monsieur le Ministre, se sont terminées mes études en Italie; je n'aurais pu vous donner aucun détail sur les effets de la maladie de la vigne dans le reste de la péninsule, si je n'avais dû à la bienveillance de M. le professeur Amici des renseignements dignes de foi qui font connaître l'état des choses dans les États Romains et à Naples : je m'empresse de les mettre sous vos yeux.

Suivant M. le baron Ricasoli, la maladie, en 1851, a commencé seulement en septembre dans la province de Forli: elle y a été légère; en 1852, elle a paru plus tôt et a été plus intense.

Tous les cépages ont été attaqués indistinctement; les raisins rouges ont plus souffert dans les bas-fonds, les raisins blancs sur les hauteurs.

En général, les vignobles battus par le vent, surtout ceux en collines, ont été presque épargnés.

La chaleur semble favoriser les progrès de la maladie; ils ont été plus manifestes pendant les beaux jours continus du mois d'août : la pluie n'a eu aucune action sur la maladie.

Les raisins ont été atteints les premiers, puis est venu le tour des feuilles; le sarment n'a été malade qu'après elles.

Les vignes jeunes et vigoureuses ont paru plus maltraitées que les autres.

Toutes les vignes atteintes en 1851 l'ont été, et plus gravement, en 1852.

Dans la province de Forli, la perte générale s'est élevée à la moitié de la récolte.

- D'après les renseignements fournis par M. Cazzani, à Pérouse, dans les États ecclésiastiques, la maladie s'est montrée en 1851 dans le pays qui confine au grand-duché de Toscane, dans la plaine du territoire d'Assise et dans un petit nombre d'autres endroits de la province. En 1852, elle s'est considérablement étendue dans les jardins; elle a été moins générale et moins forte dans la campagne.

Les raisins doux ont été attaqués les premiers; le *moscatello* est celui qui a le plus souffert.

Les raisins blancs ont été plus maltraités que les raisins noirs : dans quelques vignobles, ceux-ci ont été entièrement préservés; dans d'autres, l'*allcatico* a été complétement détruit.

Les cépages étrangers ont mieux résisté que les cépages du pays.

Les sols riches ont été plus sujets à la maladie que les terrains maigres; l'exposition du sud est celle qui a le moins souffert.

Le raisin a été attaqué avant les feuilles et le sarment. Vignes jeunes et vieilles ont été indistinctement frappées.

Les collines ont eu plus de mal que la plaine; on n'a remarqué aucune différence entre les *pergolati* et les vignes basses.

Les premiers symptômes de la maladie, en 1852, ont été observés en juillet.

La plupart des vignes atteintes en 1851 l'ont été également en 1852 et d'une manière plus forte.

Les vignes les plus vigoureuses sont celles qui ont le plus souffert.

Les treilles et les espaliers ont été plus maltraités que les vignes grimpant aux arbres (*pergole*).

Là où la maladie a continué de sévir sans aucun temps d'arrêt, les deux tiers de la récolte ont été enlevés.

M. Gasparrini, enfin, rend ainsi compte de la malad e de la vigne dans le royaume de Naples.

Elle a commencé à Pausilippe vers la fin d'avril et le commencement de mai; aux environs de Naples, elle n'a paru que dans les premiers jours de juin, çà et là, puis elle s'est répandue partout.

En 1851, les raisins blancs et ceux à peau tendre, tels que la *moscadella*, la *sanginella*, la *passerina, etc.*, ont été attaqués les premiers et avec plus de violence. Cette année-ci, toutes espèces de cépages, blancs et noirs, ont été indistinctement frappés dans certains quartiers; dans d'autres, où le mal n'était pas très-grave, les raisins blancs ont toujours été plus maltraités que les raisins noirs. En général, les raisins à peau dure, comme la *catalanesca*, sont ceux qui ont le mieux résisté.

Les plants étrangers n'ont pas été plus épargnés que les plants indigènes.

Le sol, l'exposition, le mode de culture, ont été sans influence apparente sur la maladie.

Les vignes hautes, ont plus souffert en général que les vignes basses; à Messine, dans la Calabre, les raisins les plus rapprochés de terre sont ceux qui ont eu le moins de mal. Dans certaines localités, les vignes restées sans culture ont été presque préservées. La vigne sauvage, aux environs de Naples, a été épargnée; mais un plant qui lui ressemble beaucoup, plant grimpant aux arbres et dont le raisin fournit le vin désigné sous le nom d'*asprino*, a été plus ou moins atteint.

En 1852, toutes les vignes sans exception, aux environs de Naples, ont été atteintes de la maladie; en 1851, la plupart d'entre elles ne l'avaient pas eue.

Vignes vieilles, jeunes vignes, vignes luxuriantes comme vignes chétives, tout a été soumis au fléau cette année.

La maladie a envahi, en 1852, les vignes basses de la Calabre, de la Pouille et des Abbruzzes, mais non d'une manière générale.

Aucun remède essayé n'a eu de résultat; aucune vigne n'est morte de la maladie.

Des faits qui précèdent il résulte évidemment que la maladie, déjà grave sur certains points en 1851, a pris, en 1852, les proportions d'un fléau destructeur; les cris de détresse qu'elle a fait jeter sur tout le littoral de la Méditerranée n'ont donc rien d'exagéré : ils ne sont que trop justifiés par les désastres dont la maladie de la vigne a frappé des contrées entières. Jusqu'ici, c'est sur l'Italie qu'elle a sévi avec le plus de rigueur; en France, nos départements du sud et du sud-est ont été infiniment plus maltraités que les régions du centre et de l'ouest.

CARACTÈRES DE LA MALADIE;

SES EFFETS, SES CAUSES PRÉSUMÉES.

Il est facile de reconnaître, au premier coup d'œil, la vigne atteinte de la maladie : elle présente alors, sur ses surfaces, des caractères qu'on n'observe pas dans son état normal.

Le sarment porte, sur différents points de son étendue, l'empreinte de plaques de formes indéterminées, d'abord pâles et d'un aspect livide (planche Ire, figure 1re, *a, a, a,*), puis d'une coloration plus foncée, variant du brun rouge au noir violet et au noir intense : dans ce dernier cas, on le dirait carbonisé. Le sarment attaqué de la maladie se bifurque à une certaine période de la végétation, au lieu de s'allonger comme de coutume; il s'aoûte mal, son extrémité languit et parfois se dessèche et meurt. Les taches dont il est souillé sont persistantes; elles affectent de préférence le jeune bois; on ne les rencontre pas sur la souche.

La feuille est le plus souvent attaquée à sa face inférieure; elle se couvre d'un tissu aranéeux cendré qui tapisse quelquefois les deux faces quand la feuille est saisie au sortir du bourgeon. Son aspect maladif, du reste, varie beaucoup. A-t-elle eu le temps de prendre tout son développement avant d'être envahie, sa forme régulière n'est pas sensiblement altérée; elle garde même souvent son air de santé à la face supérieure, qui, à part quelques macules, reste lisse et verte, bien que sa face inférieure soit malade. Mais, si la feuille a été atteinte de bonne heure, son expansion avorte, elle se boursoufle et se crispe, elle reste atrophiée. A un degré avancé de la maladie, il n'est pas rare de voir un certain nombre de ces petites feuilles recoquillées entremêlées avec les autres feuilles plus grandes; ordinairement elles garnissent l'extrémité des jeunes rameaux, surtout sur les secondes pousses. Quand la maladie est arrivée à son dernier degré d'intensité, les feuilles se détachent et tombent : ce cas, néanmoins, n'est pas le plus fréquent.

Généralement, c'est sur le raisin que paraissent les premiers symptômes de la maladie. Il se revêt d'une poussière furfuracée, d'abord cendrée ou blanchâtre, dégénérant en teinte violacée, puis noirâtre : cette poussière est plus abondante au point d'insertion du grain sur le pédicelle que sur les autres parties de la grappe.

Dans la première période de l'invasion, il est aisé d'enlever, par un simple frottement, la poussière qui couvre le raisin; elle ne laisse après elle aucune trace visible à l'œil nu. Il n'en est pas de même plus tard. Sous la couche pulvérulente on trouve des petites taches persistantes, semblables à un pointillé noirâtre, engagées dans le tissu même de la pellicule du raisin (planche Ire, figure 2, *a*); ces taches, plus tard, s'étendent et forment comme des îlots sur la pellicule (planche Ire, figure 2, *b*). C'est alors que le pédoncule commence à brunir. Le raisin prend enfin une couleur de plus en plus intense; il brunit, noircit, se fendille et crève (planche Ire, figure 1re, *c*, *c*).

Ces trois états correspondent, sous un autre point de vue, aux trois périodes que l'on observe dans la maladie du raisin.

Lorsqu'il a été envahi aussitôt après la floraison, le grain, poudré à blanc, est ordinairement condamné à un véritable rachitisme; il ne se développe pas. Mais le raisin malade ne reste pas toujours aussi rudimentaire, il parvient assez souvent à la grosseur d'un petit pois; toutefois, si la maladie s'en est emparée avec force, il est bien compromis : la pellicule s'enveloppe d'une tunique gris noirâtre qui durcit au point de s'ossifier en quelque sorte; la pulpe qu'elle renfermait a presque entièrement disparu; de succulente, elle est devenue charnue; les pepins occupent sa place et font saillie au dehors, à travers la fente longitudinale béante (pl. I, fig. 1, *d*, *d*). Le raisin aussi gravement affecté a peu de chances de grossir, encore moins d'arriver à maturité. Dans le troisième état, le raisin, atteint faiblement ou tardivement, s'est nourri, grâce à d'heureuses circonstances, et semble avoir pris le dessus sur la maladie; on se tromperait cependant si on le croyait sauvé, il n'est sain qu'en apparence. A peine est-il parvenu à sa grosseur accoutumée et s'est-il coloré comme il arrive aux approches de la maturité, que sa peau se fend vers le milieu; le grain, épuisé de sa pulpe, se dessèche sur la rafle ou bien tombe à terre après avoir passé par la décomposition : il est entièrement perdu.

Quelquefois, ces divers phénomènes se trouvent réunis sur le même cep; d'autres fois, une partie des grappes seulement est attaquée de la maladie, tandis que les autres sont préservées de tout mal; parfois encore, la même grappe offre des raisins totalement détruits et d'autres plus ou moins attaqués à côté de quelques-uns entièrement sains; enfin, on a vu des grains de raisins ruinés sur une partie de leurs faces, alors que l'autre partie était restée intacte : ce cas, sans être exceptionnel, ne se présente pas communément.

De la grappe et des feuilles atteintes de la maladie s'exhale une odeur méphitique d'autant plus prononcée que le mal est plus grand : on ne saurait mieux la comparer qu'à une forte odeur de moisi, légèrement cuivreuse. Le raisin malade peut être mangé impunément par l'homme et les animaux : des expériences nombreuses faites à Aix, à Marseille, à Florence, etc., ne permettent plus de douter de son innocuité.

Tels sont les caractères extérieurs de la maladie de la vigne, caractères généraux, communs, que chacun a pu saisir. Que si, de ce coup d'œil superficiel qui signale une vigne malade, on passe à un examen plus attentif, si l'œil s'arme d'un microscope pour étudier le mal dans ses détails scientifiques, on arrive aux résultats suivants.

Le tissu aranéeux qui s'attache aux pousses de l'année, feuilles, fleurs, fruits, etc., est dû à la présence d'un cryptogame de la famille des *mucédinées.* Le duvet dont cette plante tapisse les parties vertes de la vigne est formé de filaments entrecroisés extrêmement ténus. Parmi ces filaments, les uns sont fertiles, les autres stériles. Ceux-ci, représentés par des tubes très-fins, fermés de distance en distance par des diaphragmes transversaux, sont rameux et s'étendent comme un filet sous l'épiderme, c'est le *mycelium* (pl. II, fig. 1re, *a*, *a*, *a*, *a*); il constitue ce que Decandolle appelle le *système végétatif* de la plante. Le *système reproducteur* consiste dans des filaments courts, simples, cloisonnés, posés bout à bout, surgissant, sur les feuilles, par l'ouverture des stomates et, sur l'épicarpe, s'élevant directement du filament qui rampe à sa surface (fig. 1re, *b, b, b, b;* fig. 2 , le même vu de profil). A l'extrémité supérieure du filament vertical se trouve le sporange, d'une couleur jaune foncé à sa maturité (fig. 3) : il renferme plusieurs centaines de spores ou corpuscules reproducteurs d'une extrême petitesse, hyalins, réniformes, et ayant un nucleus à chacune de leurs extrémités (fig. 4). Chacun des articles du filament fertile se transforme tour à tour en spores qui se désarticulent avec une extrême facilité, glissent sur leur support et tombent sur le mycelium ou sont emportés par les vents.

Indépendamment de ce mode de reproduction, la plante parasite a encore la propriété de se propager comme par bouture (fig. 5); quelques heures d'une température chaude et humide suffisent pour son développement : on s'explique dès lors l'étonnante rapidité avec laquelle des vignobles entiers sont tout à coup envahis et couverts d'une efflorescence blanchâtre; le cryptogame qui les attaque est entièrement blanc et transparent.

Cette plante funeste est devenue, dans ces derniers temps, un sujet d'études approfondies de la part des botanistes; tous s'en sont occupés. Berckley, le premier, lui a imposé le nom d'*oïdium Tuckeri;* MM. Montagne et Léveillé, en France, ont accepté cette dénomination; mais l'autorité de ces savants mycographes n'a pas empêché d'autres botanistes éminents de la lui contester. Le professeur Giovanni de Brignoli l'appelle *oïdium Targionianum,* en l'honneur de Targioni, l'illustre auteur du *Voyage en Toscane,* qui l'aurait déjà décrite en 1766[1].

[1] Giovanni Targioni-Tozzetti semble, en effet, avoir découvert le

M. Savi, après avoir considéré la mucédinée comme une simple variété de l'*oïdium leuconium* si commun

premier cette mucédinée. Voici ce qu'on lit textuellement dans l'ouvrage intitulé *Alimurgia*, pages 366 et suivantes :

«Tra le molte piante parasitiche da me scoperte in esso anno «1766, col microscopio, ve ne sono certe le quali sono cutanee, è «vero, ma non incarnite nella sostanza delle piante maggiori, quanto «le fin qui descritte : nate pero che sono sulla superficie di esse «piante, si diramano poi e si distendono sopra di essa rattaccandovi «i suoi rametti per mezzo di fibre radicali, come fa l' ellera, e come «certi licheni ed anche come la cuscuta. L'alimento loro per altro, io «credo che lo tirino dalla sola humidità dell' aria, succiata per mezzo «dei loro vasi assorbenti cutanei, giacchè ho provato che raschiate, «e poste sul talco del microscopio, si vedono i rametti magri, vuoti «e piccolissimi; ma posatavi sopra una gocciolina d'acqua, prestis-«simo la succiano, si rinvengono, rigonfiano, e compariscono vegeti «e rigogliosi. Ciò mi ha determinato a registrarle quì tutte insieme, «sotto d'una medesima categoria, o sezione, o famiglia, que chia-«merò terza, per distinguerla dalle antecedenti; e siccome esse «tutte essendo d' una piccolezza incredibile, sulle foglie delle piante «maggiori, dove sono solite di nascere, rappresentano all' occhio «nudo una specie d' incipriatura o di leggera aspersione di farina, «crederei che si adattasse loro il nome di *Ros farinaceus*, che varj «scrittori oltramontani hanno dato ad una sorta di malattia delle «piante, come più a basso noterò.

«La prima specie la trovai il di 8 luglio, distesa largamente sopra «alcune foglie, e sopra varj rami d' una rigogliosa pianta di cicer-«bita, o sia *sonchus lævis laciniatus latifolius Inst. R. H.*, a foggia di «finissima cenere che vi fosse caduta sopra. Questa cenere, che aveva «odore di funghi, osservata coi microscopi del sig. dottor Guadagni, «comparve come una delicata e fragile tela di ragno attaccata qua e «là alla cuticola dalla cicerbita, ed i suoi filolini tutti trasparenti, «parte erano nodosi a foggia di coroncine, o vezzi di margheritine «di vetro, non semplici ma ramosi, e parte erano tereti e lisci come

en Italie sur les roses, les trèfles, le plantain, le mélilot, finit par la regarder comme un genre nouveau

« capelli. Fra essi trovai molti corpicciuoli similmente trasparenti, « dattiliformi e grinzuti, ed anche talmente gualciti, che parevano « angolosi. Postavi poi sopra una gocciolina d'acqua, presto rinven- « nero e rigonfiarono, diventando vessichette ovali, lisce e trasparenti « come il cristallo.

« Il di 12 luglio sopra certe foglie di *Plantago angustifolia major* « *Inst. R. H.*, coltivata in un vaso del giardino de' Semplici del regio « spedale di Santa Maria Nuova, trovai delle vaste piazze di materia « come cenere, e con odore di funghi como la specie antecedente, la « quale col microscopio comparve ancor essa di filolini trasparenti, « nodosi a foggia di corone, ed aveva framischiati molti frutti ovali, « appunto come in quella.

« Solamente vi notai di diverso certi corpicciuoli più grossetti, tondi « come i semi de papavero, non tanto cristallini, con certi rampini, « o picciuoli curvi attaccati, i quali dentro parevano pieni di altri assai « minori corpicciuoli rotondi. Vi trovai altresì molti corpicciuoli tras- « parenti, tondi piccolissimi, di differente natura dai poco fa notati, « distribuiti a gruppetti o gracimoletti, et per lo più a tre a tre, i « quali mi sembrarono attaccati a certi gomiti o angoli, de' filamenti « ramosi.

« Una rigogliosa intiera pianta di *Melilotus Italica folliculis rotundis*, « *Inst. R. H.*, coltivata nel real giardino de' Semplici, pareva il dì « 16 agosto tutta sparta di finissima cenere, e maneggiata, puzzava di « funghi. Essa cenere col microscopio comparisce un tessuto di soli « filolini trasparenti nodosi, a foggia di coroncine che hanno attaccati « i corpicciuoli, o frutti ovati. »

Dans cette plante parasite, si bien décrite par Targioni, il est impossible, ajoute M. Savi, de ne pas reconnaître la mucédinée qui désole nos vignobles. Il faut donc admettre que ce n'est pas la première fois qu'elle infeste nos campagnes par sa prodigieuse fécondité ; mais que, pour la première fois de nos jours, un concours inexplicable de circonstances s'est rencontré qui prédispose la vigne à être attaquée

ayant, au premier abord, de l'analogie avec le genre *sporidesmium* et devant trouver sa place dans la série des *cystospores*. MM. Adolphe Targioni et Gasparrini voient dans l'oïdium le résultat de la transformation de divers cryptogames; c'est ainsi que, suivant M. Gasparrini, l'*oïdium*, le *penicillum*, l'*alternaria*, le *cladosporium* et le *trichothecium* qui se développent sur la vigne, ne sont pas des individus autonomes, des types de genres distincts, mais bien les membres d'un même corps, les éléments d'une même essence vitale, capables de la reproduire dans toutes ses formes individuelles[1]. M. Bérenger soutient que le prétendu oïdium est simplement l'*erysiphe communis*[2]. M. Amici, à son tour, vient apporter dans ce débat son remarquable talent d'observation; armé de son microscope, il prouve péremptoirement que la mucédinée en question n'est ni un *erysiphe*, ni un *oïdium*[3], mais un nouveau genre

par cette mucédinée. J'ai l'intime conviction, dit-il, que la vigne abandonnée à elle-même, c'est-à-dire sans être soumise à aucun traitement, reprendra sa végétation accoutumée, dès que les circonstances atmosphériques et climatologiques, auxquelles il faut attribuer la diffusion extraordinaire du champignon parasite, auront disparu.

[1] Sulla morfosi e l'origine dell' oidium Tuckeri, observazioni del professore G. Gasparrini. *Napoli, 1852.*

[2] *Il coltivatore*, 5 agosto 1852, n° 14.

[3] Les différents modes de fructification qu'on observe dans l'*erysiphe* et dans la mucédinée, désignée par Berkley sous le nom d'*oïdium Tuckeri*, ne permettent pas de confondre ces deux plantes. Dans celle-ci, la fructification est représentée par un sporange pédonculé contenant plusieurs centaines de spores; dans l'*erysiphe*, le sporange

innommé qu'il convient de rapprocher de l'*erysiphe* (*alphitomorpha*); chez nous, M. Castagne avait proposé de l'appeler *leucostoma infestans.*

M. Ehrenberg, de Berlin, se rangeant à l'avis de M. Amici, trouve, dans le nouveau genre décrit par le professeur de Florence, un caractère qui lui est tout particulier, à savoir qu'en mouillant avec de l'eau, sous le microscope, les fruits ovalaires du mucor, on les voit projeter au dehors leurs spores en forme de boucle de cheveux ou d'un cordon contourné en hélice, ce qui n'arrive ni dans l'*érysiphe* ni dans aucun des genres voisins; il propose, en conséquence, de lui donner le nom de *cicinobolus florentinus.* Cette épithète, toutefois, devrait être réformée, car la mucédinée, qui attaque les vignes près de Florence, est la même que celle dont souffre la vigne dans le reste de l'Italie ainsi qu'en France.

On le voit, les princes eux-mêmes de la science sont loin d'être d'accord sur le genre et l'espèce de cette trop fameuse mucédinée. Gardera-t-elle sa dénomination première d'*oïdium Tuckeri?* L'appellation proposée par M. Ehrenberg, d'après les recherches de M. Amici, sera-t-elle désormais consacrée, c'est ce que nous diront un jour les évolutions de la science. Quel que soit, du reste, le nom sous lequel on la désigne, son appa-

est sessile ou soutenu par quelques fibres; il contient peu de spores. Amici: *Sulla malattia dell' uva.* (Atti dei Georgofili, t. XXX. Firenze, 1852.)

rition en Europe laissera de longs souvenirs; les désastres qui ont révélé sa présence sont trop grands pour être oubliés de sitôt.

Les opinions ne sont pas moins divergentes sur le rôle effectif de la mucédinée dans la maladie qui frappe la vigne. Est-elle cause ou simplement conséquence de cette affection? Voilà le problème à résoudre. Dans le principe, le bruit public attribuait la maladie de la vigne à la mucédinée dont il est ici question. Cette opinion, la plus commode de toutes, puisqu'elle dispense d'aller en quête d'autres causes, est encore celle qui domine dans le courant général; mais tous ceux qui ont étudié sérieusement la maladie de la vigne ne partagent pas cette manière de voir. En France, le docteur Léveillé a été le premier à regarder la présence de la mucédinée comme une des conséquences de la maladie et nullement comme sa cause; en Italie, les savants les plus favorables à cette dernière hypothèse ne l'admettent pas sans une prédisposition existante chez la vigne : selon le professeur Bérenger, la mucédinée, avec son développement si prompt et son effroyable lignée, serait la cause immédiate mais non unique du mal.

M. Amici accorde aussi la prédisposition morbide de la vigne; « mais, se demande-t-il avec cette bonne « foi et cet esprit de sagesse qui le distinguent, en quoi « consiste cet état anomal de la vigne qui la soumet à « l'infection? S'il s'agissait d'un petit vignoble, ou de

« quelques pieds de vigne épars çà et là dans une loca-
« lité déterminée, on pourrait trouver des conditions
« capables d'expliquer d'une manière plausible le phé-
« nomène; mais il s'agit ici d'un fait considérable, d'une
« maladie qui s'étend à toute l'Europe, partout où il
« existe des vignobles. Comment alors expliquer la pré-
« disposition? J'avoue que la cause de la prédisposition
« reste aussi obscure dans mon esprit que la cause de
« la maladie. »

Si la science, dans sa représentation la plus émi-nente, garde une telle réserve en présence d'un mal dont la cause, jusqu'ici, n'a point été suffisamment expliquée, il y aurait plus que de la témérité de ma part à hasarder des conjectures après la parole du maître; je n'aurai pas cette présomption. Qu'il me soit permis seulement de risquer une réflexion.

De ce que les mucédinées, quand elles se développent sur des êtres vivants, attaquent en général, de préférence, ceux qui sont plus ou moins affectés dans leur organisme, il ne s'ensuit pas nécessairement que la vigne se trouve dans cette condition morbide. Jamais les vignobles, en France et en Italie, n'ont présenté une plus belle apparence qu'en 1852; jamais leur végétation n'a été plus riche; les vignes étaient chargées de feuilles et de raisins, tels qu'on en voit rarement dans les années les plus abondantes; et pourtant, sur une foule de points, on a remarqué que les vignes les plus vigoureuses étaient précisément celles qui avaient le plus souffert de la maladie. C'est qu'il y avait pléthore, dira-t-on, et, dès lors, les vignes étaient prédisposées à être envahies. Mais, alors, comment expliquer la maladie chez les vignes chétives, placées dans un sol maigre et pour ainsi dire sans culture? N'a-t-on pas retrouvé, plus d'une fois, la maladie sur des vignes sauvages, perdues au milieu de haies et de buissons et, à coup sûr, bien moins luxuriantes que les belles vignes d'Italie qui s'élancent sur les arbres, jettent leur folle végétation sur toutes les branches et retombent en festons, chargés des plus belles grappes de raisins?

L'état anomal de l'atmosphère, je le sais, a été invoqué comme cause de la maladie. Il se peut que les variations de la température aient contribué à propager le mal, mais quelles preuves apporte-t-on qu'elles en soient les causes réelles? qui ne sait que, dans toutes les épidémies, l'atmosphère joue toujours un rôle; cette raison n'est-elle pas souvent la meilleure preuve de l'impuissance où l'on est d'alléguer une bonne raison? Comment, du reste, soutenir sérieusement que les conditions de l'atmosphère ont tout à coup, dans le même temps, subi les mêmes modifications, non-seulement dans toutes les parties de l'Europe, mais encore en Asie, en Afrique, où la vigne est aussi atteinte de la maladie? Et d'ailleurs, en Italie comme en France, dans beaucoup de contrées, la température, en 1851, n'a-t-elle pas été précisément l'inverse de celle qu'on a vu régner en 1852? Et pourtant la maladie a continué, cette année, les ravages commencés l'année précédente.

L'absence, dans le sol, de plusieurs éléments que la vigne, suivant certains esprits, réclame pour conserver son état normal est loin d'être une raison satisfaisante. On sait à quoi s'en tenir, aujourd'hui, sur la valeur de ces sels qu'une théorie aventureuse avait déclarés d'une nécessité absolue pour le salut de la betterave; ces sels réparateurs, on les a fournis au sol, la betterave n'en continue pas moins à être altérée dans son tissu. Comment, d'ailleurs, une pareille raison serait-elle plausible? expliquerait-elle la disparition subite, simultanée, en France, en Italie, en Espagne, en Grèce, etc., de certains principes de nutrition dans des sols de natures diverses, calcaires, granitiques, argileux, consacrés depuis tant d'années à la culture de la vigne? Rappellerai-je encore les insectes considérés comme cause de la maladie? Mais, depuis longtemps, cette explication malheureuse est abandonnée de tous les bons esprits; notre illustre entomologiste, Léon Dufour, en a fait justice avec sa verve pleine de raison.

Il faut bien en convenir, à quelque point de vue qu'on envisage la maladie de la vigne, tout est doute et mystère dans sa cause; peut-être le voile qui la couvre ne sera-t-il jamais levé.

On connaît mieux les altérations du raisin résultant de la mucédinée qui l'attaque; le beau mémoire du docteur Adolphe Targioni-Tozzetti ne laisse rien à désirer à cet égard : je ne saurais mieux faire ici, que de m'inspirer de son propre travail [1].

Le premier tissu, la première couche cellulaire, telle qu'on la voit dans le raisin non coloré, longtemps avant sa maturité, se compose de cellules régulières, pleines d'un fluide transparent, dans lequel nagent de petits grains verdâtres et un *nucleus.* C'est ce qui a lieu dans le raisin sain. Si l'on examine du raisin malade, on trouve, dans le tissu de cette même couche, quelques cellules qui, bien qu'ayant leurs parois saines, par rapport à leur consistance et à leur couleur normales, renferment cependant, contrairement à l'usage, une matière granuleuse, tout à fait différente de celle qui occupe la cavité des cellules saines. Cette matière granuleuse est jaune foncé, au lieu d'être transparente et verdâtre comme celle des cellules saines. Dans le raisin qui a grossi avec ses altérations, on trouve les cellules non-seulement remplies de ces petits grains jaunâtres, mais revêtant elles-mêmes cette couleur sur leur membrane; leur cavité renferme, en outre, un fluide jaune. Le passage des cellules ayant des granules malades aux cellules voisines restées saines est d'abord brusque; mais, lorsque la maladie a pris de l'intensité, quand elle règne depuis longtemps, on observe un passage gradué des unes aux autres.

[1] Opinioni e resultati degli studj sulla malattia dell' uva, dal dottore Adolfo Targioni-Tozzetti. (*Atti dei Georgofili*, t. XXIX. Firenze.)

Les altérations survenues dans les cellules se laissent voir à travers la membrane supercuticulaire sous la forme de taches d'un jaune brun qui souillent, plus ou moins, la couleur naturelle du raisin. Quel rapport existe-t-il entre la mucédinée et la peau du raisin, et surtout les taches dont elle porte l'empreinte, c'est ce qu'il importe essentiellement d'établir; on a, en effet, comme le fait judicieusement observer le professeur Cuppari[1], le plus grand intérêt à savoir si le cryptogame se développe sur le raisin sain, ou s'il n'attaque que le raisin déjà malade. Les taches ont-elles lieu avant que la plante parasite soit développée? M. Targioni n'ose pas répondre péremptoirement à cette question. En examinant le raisin au début de la maladie, c'est-à-dire lorsque le mycélium est clair-semé et dans sa première phase de végétation, il a vu des filaments du mycélium même passer sur ces taches, et d'autres ramper sur les parties qui n'en portaient aucune trace. Les filaments se croisent, s'entremêlent; leur points d'intersection correspondent parfois à une tache, mais le plus souvent ils correspondent à des parties qui n'offrent aucune altération dans les tissus sous-jacents. Il semblerait pourtant que l'altération du tissu de la cuticule et la présence de la mucédinée devraient se lier étroitement l'une à l'autre; mais chaque point de l'altération cuticulaire, considéré isolément, ne se trouve pas nécessairement résulter de

[1] *Relazione delle ricerche fin qui praticate intorno la dominante malattia dell'uva*, del. prof. P. Cuppari.

son contact immédiat avec une portion quelconque de la plante parasite.

Les rapports que la mucédinée peut avoir avec l'organisme du grain de raisin ne peuvent s'établir qu'à travers la membrane supercuticulaire. Or, cette membrane, aux endroits tachés et dans ceux où le mucor semble se fixer, est constamment saine et ne perd aucun de ses caractères. Les nombreuses expériences auxquelles M. Targioni s'est livré pour démontrer, contrairement à l'opinion de Morren, l'existence et la nature de cette membrane supercuticulaire dans le raisin sain, la répétition de ces expériences sur le raisin malade, lui ont toujours fait voir une membrane supercuticulaire très-saine et non interrompue. Comment les prétendus suçoirs de la mucédinée fonctionnent-ils, comment s'implantent-ils, comment adhèrent-ils sur cette membrane supercuticulaire? c'est ce que cet habile observateur ne peut dire en aucune façon.

Une fois le principe admis que le tissu interne du grain de raisin est sain, on ne peut plus mettre en doute que ce tissu ne souffre de l'atrophie par suite de la maladie qui étreint l'épiderme. Il arrive, en outre, que les parties de l'épiderme malade, en raison de l'altération dont elles sont affectées, ne végètent plus comme de coutume; elles ne se prêtent pas, non plus, à une nouvelle extension, de sorte que les tissus internes, par cela même qu'ils sont restés sains et qu'ils continuent de végéter et de croître, réagissent sur cette couche résistante et tenace qui finit par céder ; dans ce cas, elle se fend et s'ouvre. La peau ainsi rompue mécaniquement, le grain de raisin crève, le tissu interne est mis à découvert par cette déhiscence, il devient la proie des agents extérieurs qui bientôt le décomposent et le dessèchent. L'altération observée dans les grains de raisin peut être reconnue à peu près de la même manière sur les rameaux, les feuilles, les vrilles; seulement, son effet final varie selon la nature et les fonctions des organes.

Le professeur Amici, à la bienveillance duquel je dois d'avoir pu observer sous ses yeux et à l'aide de son microscope, les différentes phases de la maladie de la vigne, et particulièrement la fructification de la plante parasite, après avoir répété les expériences de M. Targioni, confirme les résultats obtenus par ce botaniste distingué. Ainsi que lui, il incline à penser que la maladie de la vigne ne provient pas de la mucédinée. Son opinion, basée sur des essais d'inoculation, s'appuie sur ce fait, qu'il n'a jamais pu voir aucun filament du mycélium, sans avoir aperçu auparavant des altérations dans les cellules de l'épiderme du raisin placé immédiatement sous la membrane cuticulaire du grain. Ces altérations se manifestent d'abord dans une cellule par le changement de couleur de la chlorophylle qui, du vert, passe au jaune pâle. Le suc qu'elle renferme s'épaissit et perd de sa transparence ; plus tard, il se forme des cristallisations et des granulations de diverses grandeurs, de couleur baie, puis brune. En même temps, la cellulose, ou membrane qui sert de paroi à la cellule, grossit et se colore. L'organe est mort, et les cellules latérales adjacentes éprouvent successivement les mêmes changements, et finissent par perdre la vie : ainsi se comportent de larges taches noirâtres, visibles à l'œil nu, et qui s'étendent aussi dans toute la couche sous-cutanée de l'épiderme quand l'altération envahit beaucoup de points à la fois, et que les taches respectives ont acquis assez d'ampleur pour s'unir les unes aux autres.

M. Amici convient, avec le docteur Targioni, que les rapports de la plante parasite avec les organes du raisin ne pourraient s'établir qu'à travers la membrane cuticulaire, laquelle ne se trouve perforée en aucun point, pas même vis-à-vis des cellules malades. On n'aperçoit aucun suçoir qui parte du mycélium et s'insinue dans la membrane externe du raisin. Cependant, la mucédinée une fois née, il arrive que ses filaments horizontaux s'étendent en passant, pour la plupart, sur les endroits tachés, ce qui fournit un argument en faveur du système qui admet l'influence meurtrière de la mucédinée sur le raisin par une communication invisible. Mais le professeur Brignoli, dans son remarquable mémoire sur le crambo [1], ne partage

[1] *Del Crambo, malattia che, quest' anno, corrupe l'uva in molti parti d'Italia;* memoria di Giovanni de Brignoli, prof. di botanica ed agraria. Modena, 1851.

pas cette dernière manière de voir; en cela, il est du même avis que M. Amici. Ce dernier interprète autrement le phénomène. Si la mucédinée végète sur le raisin, c'est qu'elle y trouve un appui et des moyens de nutrition pour son développement. Selon toute probabilité, les matières nutritives lui sont fournies par les sucs qui transsudent des cellules décomposées de l'épiderme du raisin. Il est donc naturel que le mycélium, en s'allongeant, prenne de préférence la direction des taches où il peut rencontrer des sucs nutritifs. Ces sucs doivent être chose bien minime, puisque, le grain une fois entrouvert, la mucédinée ne se dilate pas et ne pénètre jamais à l'intérieur, où pourtant elle pourrait puiser plus facilement les sucs dont elle a besoin. D'après M. Amici, la rupture du raisin, indice précurseur de sa mort, s'explique de la manière suivante : « Dans le champ circulaire du microscope, dit-« il, j'ai compté toutes les cellules polygonales super-« ficielles de l'épiderme des grains qui s'y trouvaient. « En soumettant à cet examen des grains verts et mûrs « de différentes grosseurs, j'ai vu que le nombre des « cellules renfermées dans le même espace visible sui-« vait très-approximativement la raison inverse des « carrés du diamètre des grains. J'en ai conclu que le « grain, en augmentant de volume, n'augmente pas le « nombre de ses cellules superficielles, mais seulement « que celles-ci se dilatent en proportion. Or, si par « l'effet de la maladie, quelle qu'en soit la cause, la

« cellulose perd, comme cela a lieu, la vie ou la fa-« culté de s'étendre, il est évident que l'accroissement « des parties internes non malades produira une pres-« sion et forcera l'épiderme à se fendre [1]. »

Les résultats de ces expériences, comme on le voit, concordent parfaitement avec ceux déjà signalés, en 1851, par M. Targioni.

J'ai insisté sur ces détails, Monsieur le Ministre, parce que je les crois peu connus en France, et qu'ils ont l'avantage d'être rigoureusement vrais. Le côté scientifique de la maladie de la vigne a été particulièrement élaboré en Italie : on le conçoit, ce pays a été plus tôt intéressé que nous dans cette grave question; ses savants ont rivalisé de zèle, de talent et de dévouement, mais il ne leur était pas donné de résoudre complétement le problème. Leurs écrits, jusqu'ici, ne sortent pas du cadre de la science pure; ils ont largement contribué à bien faire connaître la mucédinée qui, depuis deux ans, infeste les vignobles de l'Europe; mais la cause du mal reste encore un mystère, le côté le plus important de la question, le côté pratique et économique, n'a point encore révélé son secret. La science a-t-elle dit son dernier mot? je l'ignore; mais, tandis qu'on écrit et qu'on dispute, l'ennemi s'avance toujours de plus en plus; après avoir compromis les récoltes passées, il menace

[1] Amici, *Sulla malattia dell' uva*. 1852.

encore les récoltes futures. Qu'a-t-on, hélas! à lui opposer?

REMÈDES PROPOSÉS.

Je n'entreprendrai pas, Monsieur le Ministre, d'aborder la liste formidable de tous les moyens recommandés pour combattre la maladie de la vigne; elle formerait aujourd'hui un véritable catalogue. Depuis l'eau bouillante agissant comme caustique, jusqu'à la pâte argileuse faisant l'office d'un masque préservateur, que n'a-t-on pas proposé? Que de médications inventées, prônées, exaltées! Il n'en devait pas être autrement. Lorsqu'une maladie présente les faits les plus opposés, déjoue toutes les combinaisons, renverse tous les systèmes, lorsque sa cause échappe à toutes les recherches, l'empirisme alors intervient: il cherche la lumière dans les hasards d'un fait imprévu; de là le déluge de recettes dont on se voit inondé. Il n'en faut pas faire un crime aux auteurs de tant de procédés qui se sont succédé depuis deux ans Cette émulation de recherches atteste l'étendue du mal et le désir d'y porter remède. Par malheur, la bonne foi et la bonne volonté ne sont pas toujours exemptes d'exagération, et très-souvent l'infaillible succès prématurément annoncé n'aboutit qu'à un résultat négatif. L'histoire de la maladie de la vigne fournit, à chaque instant, la preuve de cette triste vérité.

Parmi les expériences tentées, celles entreprises dans l'Hérault par M. Camille Cambon, grand viticulteur et membre de la chambre consultative d'agriculture de ce département, méritent d'être rapportées ; ce n'est pas qu'elles lui aient réussi ; cet honorable propriétaire déclare formellement le contraire ; mais elles résument à peu près tous les essais pratiqués ailleurs ; leur revue aura l'avantage de rappeler, en peu de mots, ce qu'il importe le plus de connaître à cet égard.

Ces expériences sont au nombre de vingt-six ; laissons parler l'auteur :

« En janvier 1852, dit-il, j'ai coupé d'abord deux « souches rez terre, puis deux autres plus profondé« ment, au-dessous du sol : la maladie a attaqué leurs « rejets comme les autres vignes.

« Des ceps ont été taillés courts, de manière à n'y « laisser qu'un seul bourgeon ; d'autres ont été taillés « longs ; on leur avait laissé plusieurs bourgeons : les « uns et les autres ont été malades. »

La taille avait-elle été pratiquée à l'automne ou au printemps ? M. Cambon ne le dit pas. Dans les Bouches-du-Rhône, M. Falcon, résumant dans un remarquable travail tous les renseignements recueillis sur les différents points du département, déclare que la taille tardive a semblé produire de bons résultats. En Italie [1],

[1] *Sulla malattia delle uve*, istruzione popolare del dottore J. Bertola ; Torino, 1852 ; del Crambo, *memoria di Giovanni di Brignoli* ; Modena, 1851.

on recommande la taille précoce ; partout il y a divergence sur l'époque à laquelle il est préférable de pratiquer la taille par rapport aux vignes malades.

« Plusieurs vignes ont été déchaussées pour mettre « les racines à nu.

« Insuccès complet : la maladie les a frappées comme « celles qui n'ont pas été déchaussées.

« J'ai fumé un certain nombre de souches avec, « 1° du crottin de bêtes à laine, employé pur sur quel« ques ceps, délayé dans l'eau sur quelques autres ; « 2° de la colombine, appliquée pure et appliquée dé« layée; 3° du fumier de basse-cour; 4° des cendres de « four à chaux.

« Toutes ces vignes ainsi traitées ont eu la maladie.

« J'en ai arrosé d'autres, 1° avec du plâtre délayé « dans l'eau; 2° avec une dissolution de potasse; 3° avec « un lait de chaux récemment éteinte; 4° avec un lait « fait avec de la chaux éteinte depuis longtemps.

« Elles ont été atteintes comme les autres vignes.

« J'ai saupoudré plusieurs souches avec de la chaux, « du plâtre, des cendres de bois; la maladie ne les a « pas épargnées.

« N'ayant obtenu aucun résultat de tous ces procé« dés, et, vers la fin de juin, n'ayant remarqué aucune « amélioration dans la maladie qui s'est manifestée éga« lement et a suivi la même marche que sur les sou« ches infectées et non soumises à un traitement, j'eus « alors recours à de nouveaux essais.

« J'ai fait usage de lotions préparées avec des dé-« coctions de sureau, de thym, de sauge, de feuilles « de laurier, de romarin, de tabac, de staphisaigre; « j'ai employé également les lavages avec du vinaigre « et de l'huile de cade, mélangée et battue avec de « l'eau, à différentes doses : aucun de ces moyens n'a « réussi.

« Je ne me suis pas tenu pour battu. Renonçant à « ces procédés inefficaces, j'ai voulu agir plus énergi-« quement. Dans ce but, malgré l'état avancé de la sai-« son, j'ai retaillé des souches à un ou plusieurs bour-« geons; j'ai enlevé sur plusieurs vignes toutes les « branches, de manière à avoir de nouvelles pousses; « j'ai fait écorcer, c'est-à-dire enlever toute la pellicule « superficielle pour arriver jusqu'au bois.

« J'ai dépouillé quelques vignes de leurs feuilles et « de leurs raisins. » (Aux environs de Toulon, M. Pellicot a pratiqué avec succès l'épamprement par les plus fortes chaleurs, et s'en est bien trouvé.) « Sur certaines « souches, je me suis contenté d'enlever les feuilles; « sur d'autres encore, j'ai fait retrancher l'extrémité « supérieure des sarments : moyens inutiles, la mala-« die s'est emparée de toutes ces vignes, exactement « comme elle avait atteint les autres vignes abandon-« nées, sans traitement, à leur propre végétation. »

Il est à noter qu'à Frontignan l'ablation des sarments pratiquée, tantôt au tiers, tantôt à la moitié du cep, quand elle n'a pas tué radicalement les souches, les a considérablement fatiguées. Ce résultat, du reste, était facile à prévoir sur un coteau aussi sec que celui de Frontignan, dans une saison brûlante, où la plante, ne trouvant plus d'humidité dans un sol calciné, puise principalement sa nourriture dans l'atmosphère à l'aide de ses organes aériens. Près Toulon, cependant, l'ablation d'une partie des sarments a produit de bons résultats : il en a été de même à Agde, chez M. Fabre.

« C'est alors, continue M. Cambon, que j'essayai « l'emploi du soufre sous forme de fumigations, de « lotions ou de simples aspersions : ce procédé ne m'a « pas plus réussi que les autres.

« Enfin, de guerre lasse, je fis comme tant d'autres, « je cherchai le salut de mes vignes dans l'incision; je « pratiquai des scarifications à la souche, j'en fis au- « dessus et au-dessous des bourgeons; mais je ne fus « pas plus heureux : j'ai le regret d'affirmer qu'aucun « de ces procédés n'a amené le moindre résultat satis- « faisant. »

Les expériences variées de M. Cambon, praticien aussi éclairé qu'habile, méritent attention; si je ne me trompe, elles donnent une idée exacte de la part que les hommes les plus instruits se sont vus forcés de faire à une expérimentation hasardée, non réfléchie, dans cette maladie pleine de mystères. M. Cambon a trop d'expérience pour nier d'une manière absolue, sur tous les cépages et dans toutes les positions, l'efficacité des remèdes qu'il a employés; il confesse seulement de bonne foi qu'ils ne lui ont pas réussi.

Malheureusement, tel a été, en France aussi bien qu'en Italie, le sort de presque toutes les cures essayées; je ne connais pas une seule recette, même parmi celles qui jouissent du meilleur renom, à laquelle on ne puisse opposer des faits contradictoires qui prouvent, non-seulement qu'elle n'est point un remède absolu, infaillible, mais que, la plupart du temps, elle a produit des résultats si locaux, tellement individuels, si je puis m'exprimer ainsi, qu'on ne peut, en conscience, lui attribuer une vertu qu'elle n'a pas. Un changement heureux dans l'atmosphère, l'affaiblissement de la maladie, le tempérament de la plante ou toute autre cause occasionnelle, me semblent avoir autant de droit à revendiquer le bénéfice d'une guérison : celle-ci a pu légitimement être présumée, mais, jusqu'ici, personne n'a pu la prédire avec certitude.

La chaux et le soufre sont les deux moyens qu'on a le plus généralement employés; un grand nombre de propriétaires, en France comme en Italie, ont eu aussi recours à l'incision : ces différents procédés n'ont pas une égale valeur.

La chaux employée seule, c'est-à-dire délayée dans l'eau et sous forme de lait, après avoir eu un moment de vogue, est généralement abandonnée aujourd'hui, bien qu'elle soit d'une application facile et peu coûteuse : partout ses résultats ont été négatifs. On lui substitue maintenant la fleur de soufre et l'hydrosulfate de chaux.

L'emploi de la fleur de soufre n'offre aucune difficulté. Il suffit de mouiller les feuilles et les grappes de la vigne et de les saupoudrer avec de la fleur de soufre : leur humidité l'y fait adhérer. L'ingénieux appareil Gontier, représenté par une petite pompe cylindrique percée de trous à son extrémité, comme la pomme d'un arrosoir, a vulgarisé ce procédé dans les jardins, mais dans les jardins seulement. Beaucoup de treilles s'en sont bien trouvées; beaucoup d'autres n'en ont ressenti aucun effet. Ce moyen, d'ailleurs, est impraticable dans les grands vignobles, dans ceux notamment du bas Languedoc et de certaines parties de la Provence où les ceps, d'une vigueur inconnue au reste de la France, s'étendent dans toutes les directions, à une époque avancée de la végétation, couvrent le sol de toutes parts et l'enveloppent d'un impénétrable réseau.

Le procédé Grison, l'hydrosulfate de chaux, n'est guère plus applicable dans des conditions analogues. Il consiste, comme chacun sait, en lotions plus ou moins répétées d'hydrosulfate de chaux. Cette découverte n'est pas un secret, son auteur l'a généreusement portée à la connaissance du public. Voici comment il prépare sa mixtion : « On emploie, dit-il, 200 grammes « de fleur de soufre, et un volume égal, en grosseur, « de chaux fraîchement éteinte. On fait de ces deux

« matières une bouillie assez épaisse; on ajoute ensuite « trois litres d'eau et l'on fait bouillir le tout dans une « marmite en fonte ou en terre vernie pendant dix « minutes, en ayant soin de remuer; puis on laisse « éclaircir et l'on tire à clair cette eau ou hydrosulfate « de chaux, qui peut se conserver pendant plusieurs « mois en bouteille. Lorsqu'on veut s'en servir, on verse « un litre de la préparation dans cent litres d'eau pure; « on remue pour mêler, puis on asperge. Avec cent « litres on peut mouiller cent mètres superficiels d'es- « paliers. *Il est nécessaire de répéter l'opération deux ou « trois fois avant la floraison* et une autre fois lorsque « le raisin est formé. »

Grison s'est borné modestement à recommander son procédé pour les treilles. Employé avec les précautions indiquées, il agit efficacement; mais qu'il guérisse radicalement la maladie de la vigne, comme on l'a avancé, c'est ce qu'il n'est pas permis de soutenir en présence de cas nombreux où il est resté sans effet. Veut-on une preuve de son insuffisance dans certaines circonstances, on la trouverait au besoin dans l'essai tenté par le docteur Turrel en 1852, dans le Var. Il a osé l'entreprendre sur dix hectares de vignes. Tout d'abord on a obtenu un résultat inespéré. La maladie s'est arrêtée comme par enchantement, les grappes et les feuilles se sont purgées de leur couche pulvérulente; quinze jours après l'application de l'hydro sulfate de chaux, les raisins avaient sensiblement grossi et présentaient une belle apparence. Ce succès, certes, était encourageant : le propriétaire cependant n'y avait qu'une demi-foi, il craignait le retour du mal. En effet, à la fin de juillet, la température, jusque-là chaude et sèche, devint orageuse, il y eut recrudescence, la maladie reparut avec une extrême intensité. C'était alors le temps du dépiquage des grains, de nouvelles aspersions d'hydro sulfate de chaux ne purent avoir lieu, tout le vignoble fut derechef infesté.

Cette épreuve me semble décisive; elle avait été faite avec soin, elle devait être couronnée d'un plein succès si le remède eût été doué d'une efficacité absolue. Peut-être objectera-t-on que le mal eût été certainement vaincu par de nouvelles aspersions, c'est possible; mais alors quelle main-d'œuvre ruineuse si les lotions doivent être répétées trois et quatre fois ou, pour mieux dire, autant de fois qu'on sera exposé à voir reparaître la mucédinée! De telles médications, il faut l'avouer, peuvent être excellentes dans une culture de luxe, dans un jardin, mais elles ne conviennent pas à la grande culture ; le procédé Grison, en admettant même son infaillibilité, n'est donc pas une ressource pour les vignobles d'une certaine étendue.

Tout récemment M. le président de Labaume, que l'agriculture compte avec orgueil parmi ses plus zélés partisans, est venu, à son tour, apporter à une cause presque désespérée le tribut de son dévouement.

« C'est seulement, dit-il, pour obéir à des som-

« mations réitérées, qu'après avoir écarté plusieurs pro-
« cédés plus ou moins ingénieux, mais trop innocents
« ou même inapplicables, j'en proposerai un qui me
« paraît assez puissant pour être essayé à tout hasard.
« Si le mal a une cause intérieure, si c'est une maladie
« préexistante à la mucédinée et dont celle-ci ne serait
« que la conséquence, mon remède n'aura pas grand
« effet. Au contraire, il sera très-utile dans le cas où la
« cause du mal résiderait à l'extérieur. Il s'agirait de
« couvrir de vapeur de soufre une souche malade, de
« de la mécher comme nous méchons un tonneau ou
« un foudre. Pour cela, quand la souche est taillée et
« avant toute apparence de reprise de la végétation, on
« la couvrirait d'une cornue (benne de vendange) ren-
« versée : par un orifice pratiqué au fond de ladite
« cornue devenue le dessus, on introduirait une mèche
« soufrée attachée à l'extrémité d'un méchoir qui fer-
« merait exactement l'orifice. Si l'opération était prati-
« quée avec prudence et pendant le sommeil de la vé-
« gétation, le contact de l'acide sulfureux ne serait pas
« dangereux pour la souche; il faudrait seulement ne
« pas trop le prolonger. Mais cependant, en agriculture,
« je ne m'en tiens pas aux données dogmatiques de la
« science. Je demande, avant tout, qu'on commence
« par essayer en petit, afin d'être bien assuré que,
« comme il n'arrive que trop souvent, dans d'autres
« circonstances, le remède, pour emporter le mal,
« n'emporte aussi le malade. »

Certes, ce conseil est émis avec assez de réserve pour ne pas compromettre l'autorité d'un sage qui ne s'aventure jamais hors des limites du vrai; toutefois, tant de prudence et de restriction ne révèlent pas une foi bien robuste dans le remède proposé; l'acide sulfureux, on le sait, exige les plus grandes précautions dans son application au règne végétal; s'il renferme en lui-même un principe de guérison, il contient aussi un principe de mort lorsqu'on n'en use pas avec une extrême sobriété : peut-être, en outre, son emploi ne serait-il pas sans difficulté au point de vue économique? l'expérimentation décidera cette question.

La chaux et le soufre passés en revue, il reste à examiner le remède de l'incision. En Italie d'abord, puis en France, on a fait grand bruit de ce procédé. Les journaux, cette *renommée aux cent voix, quelquefois mensongère,* l'ont immédiatement déclaré infaillible, sur la foi d'un certain avocat de Novare, plein de mépris pour la science et les doctes académiciens qui n'avaient pas su guérir la vigne malade.

Avant de partir pour l'Italie, j'avais vu, dans le midi de la France, de nombreux exemples d'incision, frappés tous, sans exception, de stérilité. En Italie, de Nice à Turin, tous les propriétaires qui l'avaient pratiquée, y renonçaient. Je n'enregistrais partout que des mécomptes. Toutefois, ce n'était pas une raison pour la rejeter : sa réussite avait été affirmée si pertinemment! Peut-être l'incision n'avait-elle pas été bien pratiquée?

peut-être l'avait-on essayée trop tardivement? Pour la bien juger, il était nécessaire d'aller l'observer là où elle avait été d'abord éprouvée et dans les conditions les plus favorables, puisqu'elle avait été couronnée d'un plein succès; il fallait l'étudier dans tous ses détails, pour confirmer son efficacité et en répandre la connaissance, si elle était réelle, ou pour détruire les illusions, si les faits ne répondaient pas aux résultats annoncés.

Bien que je ne me pusse me rendre compte, théoriquement, de ses bons effets et qu'elle fût en désaccord avec les lois de la physiologie végétale, j'étais sans préjugés à cet égard; je savais que, dans une épidémie, aucun fait, tel bizarre qu'il paraisse, n'est à négliger, et que d'heureuses découvertes ont été dues quelquefois au simple hasard : l'incision ne pouvait-elle pas être du nombre de ces rencontres fortuites qui donnent la solution d'un problème longtemps cherché!

Ainsi armé de bonne volonté, je fis tout exprès le voyage de Dulzago, propriété de la famille Borromée, confiée aux soins intelligents d'Antonio Guida. M. le comte Vitaliano Borromée avait eu la bonté de me donner à Arona une lettre pour son régisseur : le 20 août 1852, j'étais auprès d'Antonio Guida, excellent homme, bon praticien, qui, dans cette affaire, apportait la meilleure foi du monde. Il n'est pas responsable de l'étrange bourdonnement qui s'est fait autour de son procédé. J'ai parcouru avec lui et son fils l'immense domaine de Dulzago; ensemble, nous avons visité le vignoble de la colline, les vignes de la plaine et la treille située près de la maison d'habitation; mes notes ont été prises sur place, sous les yeux de mes guides; nous discutions ensemble les objections; je crois avoir bien observé : les faits, d'ailleurs, étaient des faits présents, qui tombaient sous les sens. De tous les voyageurs français qui ont visité l'Italie en 1852 pour y étudier la maladie de la vigne, je suis le seul qui sois entré en relations directes avec Guida; permettez-moi de vous rappeler ici, Monsieur le Ministre, le rapport spécial que j'avais l'honneur de vous adresser de Milan, le 23 août 1852; il n'est autre que le procès-verbal de ma visite à Dulzago : je le transcris littéralement.

« Ce magnifique domaine est situé à peu de distance de Novare, non loin de la route qui conduit de cette ville à Arona, sur le lac Majeur; il réunit les trois modes principaux de culture de la vigne en Italie : vignes basses en coteaux, vignes hautes sur les arbres, vignes en treilles.

« En 1851, les vignes y ont été faiblement atteintes de la maladie, et seulement vers le mois de septembre; en 1852, elle a commencé de très-bonne heure et elle y a été fort grave. Vignes en treilles (*toppia*), vignes basses en lignes (*filagno*), vignes hautes sur les arbres (*gherisolato*), tout a été attaqué. Dès les premiers jours de juin, la maladie se montrait sur les *filagni* du coteau; quinze jours après, la treille était prise; ce n'est que plus tard que les *gherisolati* étaient frappés : tous les cépages, sans distinction, ont été malades, mais à différents degrés : la grappe a été la première envahie.

« L'incision a été pratiquée par Guida, le 20 juin, sur les vignes de la colline; le 20 juillet, sur la treille et sur les *gherisolati.* L'incision consiste en une forte entaille faite avec une serpe, à 50 centimètres au-dessus du sol; elle entame toute la largeur du pied de vigne et pénètre à quelques centimètres dans le bois. Au moment de l'opération, le temps était beau et chaud; cinq jours après la première incision sur les vignes du coteau, il a plu; depuis, sauf une légère ondée survenue dans les premiers jours d'août, le temps, à Dulzago, a toujours été magnifique. Voici ce qui s'est passé après l'incision :

« Le 20 juin, sur le coteau, quatre rangées de vignes (*filagni*) ont été soumises à l'opération; tout le vignoble était infesté de la maladie. Quinze jours après l'incision, un changement notable s'opérait dans l'état de la vigne : le raisin grossissait sensiblement et devenait plus net; la vigne végétait avec force. Vers le 5 ou 6 juillet, on lui donna un binage pour la débarrasser des mauvaises herbes qui l'avaient envahie : l'instrument appelé zapa remuait le sol à 15 centimètres environ de profondeur.

« Quinze jours à peine s'étaient écoulés après cette

façon, regardée comme indispensable par tous les bons cultivateurs, que la maladie sévissait avec plus de force sur le raisin de ces quatre rangées de vignes. Le 20 août, époque de ma visite, elles présentaient l'aspect le plus misérable; il n'y avait plus un seul raisin sur les souches; desséché, il était tombé. Le sarment était tout contaminé, entièrement noir en beaucoup d'endroits; les feuilles étaient petites, tordues sur elles-mêmes et toutes enfarinées. D'après Guida, les autres vignes du coteau, incisées huit jours après les quatre premières rangées, n'ont éprouvé aucune amélioration; elles étaient dans un triste état quand je les ai parcourues: grappes, sarments et feuilles étaient fortement saisis par la maladie, et offraient ces contrastes bizarres qu'on remarque sur toutes les vignes attaquées. A côté d'une grappe saine il y en avait une autre dont les raisins étaient avortés, noirs et fendus. Sur la même grappe on voyait à la fois des grains rabougris, verts et souillés de la mucédinée; tandis que d'autres étaient à peine couverts d'efflorescences : feuilles et bois étaient gravement atteints dans cette partie du vignoble, dont le sol n'avait pas été remué. Suivant l'estimation de Guida, les trois quarts de la récolte sont perdus sur le coteau; l'incison n'y a donc produit aucun bon effet. Le sol de cette colline est silico-argileux avec cailloux roulés dans le sous-sol; l'exposition est celle du couchant, autant qu'il m'en souvient.

« La treille a reçu l'incision le 20 juillet; elle était

alors infestée à un haut degré, toutes les grappes semblaient poudrées à blanc. Cinq jours après l'opération, le raisin a commencé à prendre une couleur plus satisfaisante : il est devenu clair, suivant l'expression de Guida. Le 20 août, sur une longueur totale de dix mètres, j'ai vu cette treille en partie saine dans la moitié de son étendue. De belles grappes, avançant vers leur maturité, se trouvaient côte à côte de raisins enveloppés par la mucédinée, verts en quelques points, noirs en quelques autres, ayant aussi plus d'un grain fendu. A tout prendre, cependant, cette partie de la treille est bonne *pour l'année;* mais l'autre partie, dans quel triste état elle m'est apparue! Grappes, les unes noires, les autres blanches, décimées par la maladie ou ne présentant plus que des tronçons au lieu de ces belles grappes pendantes qui en sont ordinairement l'orgueil; tous les sarments, sur toute l'étendue de la treille, sont fortement tachés, les feuilles seules jusqu'ici ont peu de mal.

« Peut-on conclure, de ce que le raisin est *en partie* sain sur la moitié de la treille, que l'incision ici ait amené un résultat favorable? Je ne le crois pas. Pourquoi n'a-t-elle pas produit le même effet dans toute l'étendue de la treille, garnie des mêmes variétés de cépages, en même sol, en même exposition? Cette objection se fortifie encore de la circonstance de grappes attaquées mêlées à d'autres grappes en bon état dans la partie de la treille qui a le moins souffert.

Les vignes ont toutes le même âge; l'exsudation de la matière gommeuse, à laquelle Guida attache une grande importance, a été tantôt plus forte, tantôt moins abondante sur chacune des vignes couvrant les deux parties de la treille : l'incision, pratiquée de la même manière et dans le même temps sur chacune, aurait dû être suivie des mêmes conséquences sur les unes et les autres, si le procédé de l'incision avait réellement de l'efficacité : il n'en a point été ainsi. Les faits anomaux que présente la végétation de la treille n'ont rien de particulier : on les retrouve, avec bien des variantes, dans tous les vignobles attaqués; ils m'autorisent seulement à dire que l'incision n'a pas été plus heureuse sur la treille qu'elle ne l'avait été sur le coteau.

« A-t-elle mieux réussi sur les vignes hautes grimpant sur les arbres; c'est ce qu'il reste à examiner.

« Les gherisolati de Dulzago sont situés en plaine (*in pianura*). La première rangée de vignes que j'ai visitée avec Guida a été abandonnée à elle-même, sans traitement d'aucun genre; la maladie ne l'a pas attaquée. Ces vignes sont vigoureuses, les grappes nombreuses et belles, pas une d'elles ne porte d'efflorescence; les feuilles sont intactes, d'un beau vert et bien développées; le sarment seul est attaqué, mais légèrement. A part ces vignes, l'incision a été pratiquée sur tous les autres gherisolati de la propriété. Dans la pièce dite *Campo a la Bertinella*, les vignes courent sur des cerisiers en pleine végétation; elles sont belles, chargées de grappes que la mucédinée avait blanchies (on en voit encore de nombreuses traces), mais le raisin s'en débarrasse, il grossit visiblement; sa maturation est certaine, bien que les feuilles, et surtout le sarment, soient très-malades. Le sol de cette pièce est sablonneux. La maladie y avait fait peu de mal en 1851. Ici, comme ailleurs, comme partout, un cep est fortement attaqué, un autre est presque intact; celui-ci est en voie d'amélioration, tandis que celui-là ne verra pas mûrir la plupart de ses raisins.

« Dans une autre pièce désignée sous le nom de *gherisolato crosetta,* grappes, feuilles et sarments sont très-attaqués. La maladie se présente ici sous ses faces multiples. On voit des grappes réduites à quelques grains noirs, sans développement, et qui auront le sort des autres grains tombés après s'être desséchés sur la rafle; d'autres grappes sont moins maltraitées, quoique pulvérulentes; d'autres, enfin, sont à peu près saines et offrent des raisins bien développés et à peu près mûrs. Plus du tiers de la récolte est perdu dans ce gherisolato, incisé comme l'autre et garni des mêmes cépages: le sol y est également sablonneux, mais de meilleure qualité.

« Quel résultat a donc produit l'incision sur les gherisolati? évidemment aucun. La maladie y règne, plus ou moins, comme dans le vignoble du coteau et sur la treille; l'incision, à Dulzago, est restée sans efficacité.

« Guida attache beaucoup d'importance à l'exsudation

gommeuse résultant de l'incision : il croit que plus elle est abondante, plus elle contribue à débarrasser la vigne. Mais je lui ai fait remarquer des souches sur lesquelles l'incision n'avait déterminé aucun épanchement, et qui étaient en voie de guérison, tout aussi bien que les vignes d'où la matière gommeuse suintait. Au surplus, comment soutenir les bons résultats de l'incision en présence de cette rangée de gherisolati non incisés et non malades; en présence de ces filagni incisés, et dont toutes les grappes ont été détruites par la maladie; en présence de ce vignoble de la colline, dont la récolte est aux trois quarts perdue; en présence de ce gherisolato crocetta incisé, où le tiers de la récolte est compromis; en présence enfin de cette treille incisée partout, et qui, cependant, perdra le quart au moins de ses grappes ruinées par la maladie. Le doute, je crois, n'est plus possible sur la valeur de l'incision. On l'a proposée comme antidote de la maladie de la vigne, les faits lui refusent cette vertu : on s'est donc trop pressé de conclure d'une amélioration momentanée à une guérison radicale, opérée par l'incision et due peut-être à toute autre cause. »

Il n'était pas inutile d'entrer dans ces détails minutieux sur l'incision : ils ont pour but de prévenir des mutilations et une dépense faites en pure perte ; nos vignerons seront désormais en garde contre ce procédé trop vanté.

Ce n'est pas seulement à Dulzago que l'incision a

échoué. Sur tous les points de l'Italie ainsi qu'en France, partout où l'on relève les résultats qu'elle a produits, son inefficacité est mise en évidence. J'en pourrais citer plus d'un exemple.

Elle a été essayée sans succès dans les Basses-Alpes, au château de Paillerols, chez M. Raybaud-Lange.

Dans les Bouches-du-Rhône, le colonel Galliffet y a cherché vainement la guérison de ses vignes.

M. de Mandols déclare qu'elle n'a produit que de funestes effets.

Dans l'Hérault, tous ceux qui l'ont pratiquée, MM. Bouscaren, Pagézy, Cambon, Marès, etc., l'ont trouvée impuissante à conjurer le mal.

Dans le Gard, la commission présidée par M. de Labaume certifie que l'incision n'a amené aucun changement dans l'état des vignes malades.

Dans l'Isère, ses effets sont négatifs.

Dans le Rhône, le professeur Tisserant affirme qu'il a vu plusieurs essais d'incision et qu'aucun d'eux n'a été heureux.

Dans le Var, près de Toulon et dans l'arrondissement de Draguignan, les seules contrées de ce département que j'aie visitées, l'incision n'a pas réussi.

Voilà pour la France.

En Italie, j'ai vu beaucoup de vignes sur lesquelles l'incision avait été pratiquée : depuis Nice et dans toute la rivière de Gênes jusqu'au centre du Piémont, les propriétaires m'ont fait constater des résultats parfaitement négatifs. Il en a été de même dans le Milanais, à Monza, dans la Brianza; à Padoue l'incision est restée sans effet; dans la Toscane, même inefficacité; le docteur Targioni-Tozzetti, chargé de visiter les principaux vignobles de ce pays attaqués de la maladie, déclare que l'incision n'a produit aucun bien. A Forli, à Pérouse, d'après les renseignements transmis au professeur Amici, l'incision est sans effet.

Cette cause malheureuse me semble définitivement jugée; son inefficacité, ainsi que celle de tant d'autres recettes, n'est que trop réelle. La maladie restant inexpliquée dans sa cause, le remède, on le conçoit, est fort difficile à trouver; tous les efforts réunis de la science et de la pratique y ont échoué jusqu'ici: la guérison des vignes atteintes de la maladie est encore un problème à résoudre.

CONCLUSIONS.

Parvenu au terme de ce rapport, Monsieur le Ministre, j'éprouve un véritable embarras. Quelles conséquences tirer des faits ci-dessus, faits si souvent contradictoires, et qui, loin de dissiper mes doutes, n'ont abouti parfois qu'à les fortifier? Rien, en effet, dans la maladie de la vigne, ne peut conduire à un résultat général, rigoureux : il est facile de s'en convaincre par un simple coup d'œil rétrospectif.

8.

En France, la vigne est malade à toutes les expositions, plus ou moins cependant, suivant les localités.

En Italie, tout le long de la rivière de Gênes, c'est à l'est que les vignes souffrent le plus; au cœur du Piémont, ainsi que dans le Milanais, les vignes au sud sont les plus maltraitées; au nord, sur plusieurs points, elles sont épargnées. A Pérouse, au contraire, dans les États pontificaux, le sud est l'exposition privilégiée.

En France, dans les Bouches-du-Rhône, le voisinage de la mer semble un préservatif pour quelques vignobles; en Italie, toutes les côtes de la Méditerranée, de Nice à Naples, sont particulièrement ravagées par la maladie.

Interroge-t-on la nature du sol, mêmes incertitudes. Ici, la vigne plantée dans les terrains compactes est plus fortement envahie par la maladie; ce fait semble assez général : le mal est plus intense dans les riches sols d'alluvions. Là, notamment à Belette, à Roquebrune, à Vintimiglia, dans la rivière de Gênes, c'est précisément l'inverse.

Sur plus d'un point, la vigueur du cep semble le prédisposer à être envahi; mais, dans beaucoup de localités, les vignes les plus vigoureuses sont celles qui résistent le mieux : l'Hérault, le Gard, le Var, les Basses-Alpes, Vaucluse, en fournissent des preuves nombreuses. A côté des vignes luxuriantes, qui sembleraient accuser une pléthore, ne voit-on pas dans les îles du Rhône, non loin de Montpellier, près de la rivière du Var, aux environs de Nice, des vignes sauvages rabougries souffrir plus de la maladie que les vignes bien tenues?

Si la pluie a paru favoriser généralement l'extension du mal, dans certains cas aussi, lorsqu'elle tombait avec force, elle a semblé venir au secours du raisin malade : sur ce point, les raisons tirées de l'atmosphère laissent aussi des doutes.

Ici, on accuse l'humidité d'être une des causes de la maladie, et l'on cite avec raison une foule de bas-fonds où les vignes ont été fort maltraitées; mais les coteaux de Lunel et de Frontignan, les garrigues de Narbonne, qui ne sont pas assurément humides, ont-ils été épargnés? pourquoi, sur les coteaux de la Brianza, à Guszago al Colle, à Flero, à Vérone, à Vicence, à Padoue, les hauteurs souffrent-elles plus que la plaine? Celle-ci, assurément, est plus humide; on ne peut donc, à cet égard, se former une opinion absolue.

A Marseille, l'irrigation sert de conducteur au fléau; près de Toulon, des vignes arrosées sont préservées : de quel côté incliner?

En France, comme en Italie, tous les cépages, sans distinction, sont plus ou moins attaqués; auquel demander la régénération de nos vignobles? N'a-t-on pas vu la maladie atteindre, en 1852, les variétés respectées jusqu'alors?

Comment se prononcer dans ce dédale de faits, où

tout est contrastes et oppositions et se change en doute et en incertitudes? Bien téméraire, à coup sûr, celui qui émettrait une opinion absolue. A peine peut-on juger localement la maladie; à peine connaît-on quelques faces des nombreuses questions qu'elle soulève.

La maladie de la vigne est encore inconnue dans sa cause.

Elle n'est pas contagieuse.

Le raisin malade et le vin qui en provient n'ont rien de malsain.

De tous les remèdes proposés, l'hydrosulfate de chaux est le seul qui ait été employé avec quelque succès, mais il n'est applicable que dans les jardins; encore n'est-ce pas un remède infaillible.

Les grands vignobles ne possèdent point de médication économique contre la maladie. En désespoir de cause, on a conseillé d'abandonner la vigne à ses propres ressources; je n'hésite pas à émettre une opinion contraire. Je pense qu'il importe de redoubler de soins à son égard, dans l'intérêt du présent et surtout de l'avenir. Cultures répétées, taille faite à propos, au besoin fumure énergique, tels sont les moyens qui me semblent les plus propres, sinon à conjurer le mal, du moins à en atténuer les effets : ils seront, je crois, le salut des récoltes futures. L'homme, en définitive, peut-il quelque chose contre la maladie de la vigne? nos vignes seront-elles longtemps encore frappées? Je n'en sais rien. Dans l'état actuel des choses, au milieu des profondes ténèbres qui couvrent ce mal funeste, je serais tenté de dire, pour toute conclusion, que je ne conclus pas. Nos vignes, je l'espère, ne sont pas condamnées à périr. En France, comme en Italie, des vignes malades en 1851 ne l'ont pas été en 1852, sans qu'on les ait soumises à aucun traitement; le fléau ne sévira pas toujours, s'il plaît à Dieu. Qui sait si bientôt, contre toute espèce de prévisions, il ne disparaîtra pas de nos vignobles désolés, emportant avec lui le secret tant cherché, et ne nous laissant d'autre regret que celui de notre impuissance : *Hoc in votis!*

Agréez, Monsieur le Ministre, l'hommage de mon respect.

L'Inspecteur général de l'agriculture,

VICTOR RENDU.

Paris, le 1er avril 1853.

PL. I.

Pl. 1.

PL. II.

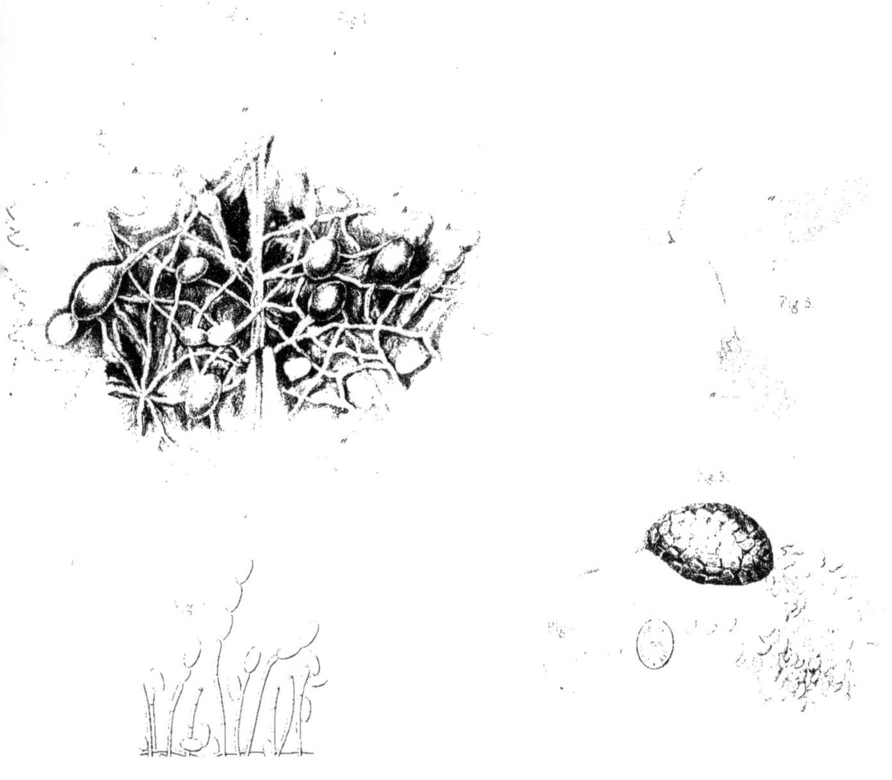

NOTES

SUR LA CULTURE DE LA VIGNE

DANS

LE MIDI DE LA FRANCE ET LE NORD DE L'ITALIE.

La vigne joue un rôle important, mais non le même, dans l'agriculture du midi de la France et de l'Italie septentrionale. Tandis que, pour quelques-uns de nos départements du sud-est, comme les Pyrénées-Orientales, l'Aude, l'Hérault, etc., elle constitue le principal produit du sol, elle ne forme plus qu'un rameau secondaire de l'exploitation dans le Piémont et le Milanais, où l'industrie séricicole domine toutes les autres branches. Les procédés de culture ne sont pas les mêmes dans l'un et l'autre pays. Chez nous, on sait combien ils varient, non-seulement de département à département, mais encore de commune à commune. Il en est de même en Italie; la nomenclature des cépages s'y trouve aussi, comme en France, à l'état de véritable confusion. Décrire toutes ces méthodes serait une œuvre considérable, pour laquelle de longues études seraient absolument nécessaires; telle n'a point été notre intention dans ces notes : elles n'ont d'autre but que d'esquisser à grands traits les manières les plus générales de cultiver la vigne dans le sud-est de la France et le nord de l'Italie.

DÉPARTEMENT DE L'AUDE.

La vigne, dans l'arrondissement de Narbonne, au sud de Carcassonne et sur quelques points des environs de Limoux, constitue le principal revenu des exploitations; dans le reste du département, la culture du blé l'emporte sur les vignobles.

D'après le cadastre et le travail de peréquation qui se poursuit encore aujourd'hui, le département de l'Aude compte 70,982 hectares plantés en vignes.

Les principaux cépages sont, en vins de table : le *riveyren*, le *téret noir*, le *piquepoule*, la *blanquette* et le *grenache*.

Pour les vins de chaudière : l'*aramon*, le *téret bouret*, la *carignane*, etc. Les plus répandus sont : 1° la *carignane*, au sud de Narbonne, elle forme les 19/20 des vignobles; 2° l'*aramon*, le plus riche des cépages quand il est placé dans un sol fertile d'alluvion; 3° le *téret noir*.

La plantation de la vigne s'effectue au pal ou avec la charrue à défoncer. Suivant les localités, les ceps sont espacés tantôt à 1^{m},50 en carré, tantôt à 2 mètres en un sens, et 50 centimètres dans l'autre; par la première méthode, on donne deux façons à la vigne en hiver, et deux autres au printemps; par la seconde méthode, on ne donne qu'un seul labour en hiver et un au printemps : en petite culture, les vignes plantées de 1^{m},20 à 1^{m},50 sont travaillées exclusivement à la main.

Suivant la force du cep, on laisse 3, 4 ou 5 coursons; on taille généralement sur deux yeux en décembre, janvier et février, et parfois aussi jusqu'en mars. Les cultures au labour sont toujours suivies d'une façon à la main donnée au pied des vignes. Depuis plusieurs années, l'intervalle qui sépare les vignes est travaillé à l'aide de la houe à cheval extirpateur de Moux, instrument très-énergique et qui permet de multiplier les cultures, tout en apportant une grande économie dans les frais de main-d'œuvre : il devrait être adopté dans tous les grands vignobles où la vigne est à un mètre en tous sens.

La vigne donne ici au terrain qu'elle occupe une plus-value d'un tiers.

Les frais de culture d'un hectare de vigne, dans l'Aude, s'élèvent de 90 à 100 francs : l'impôt, les frais généraux, l'intérêt de l'argent engagé dans le mobilier vinaire sont compris dans cette somme.

Les vendanges commencent, année ordinaire, du 20 au 25 septembre. Les vins cuvent pendant quinze ou vingt jours : beaucoup de propriétaires plâtrent en foulant, afin de donner plus de couleur au vin.

Dans l'arrondissement de Narbonne, l'hectare planté en *carignane* donne, en moyenne, 50 hectolitres de vin. L'*aramon*, dans la plaine de Coursan, type des terres d'alluvion les plus fertiles, rend souvent au delà de 200 hectolitres par hectare.

Le marc de raisin, dans les localités où on ne l'emploie pas à la fabrication du vert-de-gris ou à la distillerie, sert à nourrir les bêtes à laine en hiver : on le leur donne, le soir, avec de la paille. Deux comportes, pesant 75 kilogrammes chacune, forment la ration journalière de 120 bêtes. On conserve le marc dans des cuves en bois ou en pierre, en ayant soin de le tenir toujours bien tassé; son prix varie avec celui du vin.

Les principaux crus du département sont : (Le Quatourze), Pasiols, Fitou, La Palme, Sigean, Leucate, Treilhes, Cascastel, Mirepaisset et Ginestas; Limoux est aussi renommé pour ses vins rouges et blancs.

La moyenne du prix de l'hectolitre de vin, dans l'Aude, d'après le relevé de ces quinze dernières années, est établie ainsi :

Vin de chaudière......... 5 francs l'hectolitre.
Vin de table............. 8 à 9 francs.

Les principaux débouchés sont :

Pour les coupages.... { l'Algérie. / le nord de la France.

Pour les alcools...... { Bordeaux. / le Nord.

DÉPARTEMENT DES PYRÉNÉES-ORIENTALES.

D'après la statistique, les Pyrénées-Orientales compteraient 38,351 hectares consacrés à la culture de la vigne; mais comme depuis la formation du cadastre on a considérablement planté chaque année, on peut élever d'un tiers environ le nombre des vignobles de ce département; il posséderait donc approximativement 50,000 hectares en vignes.

Les principaux cépages qui composent la plupart des vignobles sont la *carignane*, le *mataro*, le *grenache;* on y trouve aussi les *térets*, les *muscats*, la *malvoisie* et l'*aramon*.

Les procédés de culture ne diffèrent pas sensiblement des méthodes usitées au sud de l'arrondissement de Narbonne; on les retrouve, sans différences tranchées, à peu près sur tous les points du département. Toutefois, il importe de distinguer la culture en plaine de celle qui a lieu en coteaux : la première peut être représentée par le grand vignoble de Rivesaltes, la seconde par les vignobles de Collioure et de Banyuls-sur-Mer.

Rivesaltes. La *carignane*, le *mataro* et le *grenache* dominent presque exclusivement dans ce vignoble; beaucoup de propriétaires les plantent aujourd'hui chacun en lignes distinctes, et récoltent chaque cépage au fur et à mesure que sa maturité précède celle des autres plants; le sol est calcaire pierreux. La plantation a lieu au pal, qui descend de 50 à 62 centimètres de profondeur. Les ceps sont placés à $1^m,30$ en tous sens; on plante depuis la fin de novembre jusqu'en février; le mois de décembre est réputé le plus favorable à cause des pluies qui assurent la reprise du plant.

Jusqu'à son entrée en rapport, qui commence, suivant le terrain, à la troisième, quatrième ou cinquième année, la jeune vigne reçoit annuellement quatre labours donnés à l'araire; à partir de la sixième année, on ne la laboure plus que deux fois chaque année : en novembre et en mars; en mai on donne encore une dernière façon qui a pour objet de niveler le sol, de détruire les mauvaises herbes et de creuser une cuvette au pied de la souche.

Dans beaucoup de localités du département, les vignes se travaillent aussi à la main.

La vigne est établie sur trois ou quatre coursons; on la taille à deux yeux, non compris l'œil dormant, depuis novembre jusqu'en mars.

La vendange a lieu à la fin de septembre.

L'hectolitre se paye de 10 à 12 francs. Ses vins rouges de commerce ont leurs principaux débouchés à Lyon, Châlons-sur-Saône et Paris.

Collioure; Banyuls-sur-Mer. Cette contrée comprend une longue chaîne de coteaux et de montagnes à pente rapide et à sol schisteux. Deux cépages composent ses vignobles : la *carignane*, et surtout le *grenache*, qui rend davantage; celui-ci occupe les hauteurs, l'autre les bas-fonds. La plantation a lieu au pal généralement en janvier et février; les vignes sont à un mètre en tous sens. La première et la seconde année de la plantation, la vigne reçoit de trois à quatre façons. A partir de la troisième feuille, on ne donne plus que deux façons annuelles à la vigne : la première en décembre ou janvier, la deuxième en mars ou avril. On taille sur deux yeux, la vigne étant établie sur trois coursons. La vendange a lieu à la fin de septembre. Toutes les opérations de main-d'œuvre se font à bras; les transports ont lieu à dos de mulet.

Le prix courant du vin de liqueur de Collioure et de Banyuls varie entre 18 et 20 francs.

La plupart des vins de Collioure et de Banyuls s'écoulent sur la côte châlonnaise, Lyon et Paris; à l'étranger ils trouvent un grand débouché à Rio-Janeiro; Cette est leur lieu d'entrepôt.

Les principaux crus du département sont Rivesaltes, Torre-Mila, Collioure et Banyuls-sur-Mer.

DÉPARTEMENT DE L'HÉRAULT.

En 1835, à l'époque où les opérations cadastrales ont été terminées dans l'Hérault, on comptait dans ce département 104,463 hectares 58 ares 66 centiares; depuis, il y a eu augmentation dans la superficie occupée par la vigne; cet accroissement, dû aux nouvelles plantations, élève le nombre des hectares consacrés à la culture de la vigne à 130,000 environ sur une étendue générale de 630,000 hectares, dont 300,000 sont cultivés ou cultivables.

En 1840, le prix moyen des terrains consacrés à la culture de la vigne était de 1,000 francs l'hectare sur les coteaux, de 3,000 francs dans la plaine : cette valeur a plutôt augmenté que diminué pour les vignobles de la seconde catégorie.

Les principaux cépages qui composent les vignobles de l'Hérault sont l'*aramon*, le *grenache*, les *térets*, la *carignane*, l'*alicante*, le *mourasset*, le *piquepoule*, l'*œillade*, la *clairette*, les *muscats*; dans les anciens vignobles, c'est le *téret* qui domine; dans les vignobles récemment créés c'est l'*aramon*, lorsque le sol est assez riche pour recevoir ce plant. Dans les crus de chaudière, le *téret bourret* et l'*aramon* forment la base du vignoble; dans les crus distingués, comme, par exemple, Saint-Georges, Saint-Christol, on cultive de préférence les anciens cépages désignés sous le nom de *plants du pays*, tels que le *téret*, le *charge-mulet*, l'*œillade*, la *clairette*, le *grenache*, l'*épiran*, etc.

La plantation, dans les vignobles bien établis, est toujours précédée du défoncement du terrain. Beaucoup de propriétaires plantent au trou avec des pourrettes enracinées; mais, généralement, on se contente d'employer des sarments, qu'on enfonce à 32 centimètres de profondeur dans le sol : les vignes sont placées à 1 mètre 50 cent. en tous sens. Dans un grand nombre de domaines, l'année même de la plantation, on cultive des betteraves ou des pommes de terre en association avec la jeune vigne; mais ces récoltes-racines, fort éventuelles, retardent considérablement le plantier.

Plus les façons sont multipliées la première année de la plantation, plus le plantier prend de vigueur; on lui donne ordinairement quatre ou cinq cultures.

On ne commence à obtenir quelque produit de la vigne, à la troisième année, qu'autant qu'on s'est servi de plants enracinés; quand la plantation s'est effectuée avec des sarments, la vigne n'entre en rapport, au plus tôt, qu'à la quatrième feuille : elle donne alors une demi-récolte.

Quand les vins se vendent bien, les propriétaires font travailler leurs vignes à bras; ils donnent alors de trois à quatre façons; les prix sont-ils dépréciés, ils ont recours à la charrue.

On fume tous les cinq ou six ans.

Suivant la richesse du sol et la vigueur du cep, on établit la vigne sur trois, quatre ou cinq coursons; on taille sur deux yeux, non compris le sous-œil. Partout le sécateur a remplacé la serpe. Quelques cépages, entre autres l'*aramon*, l'*épiran* et les *muscats* sont ébourgeonnés. La vendange a lieu généralement à partir de la mi-septembre et se prolonge jusque dans le courant d'octobre. Dans quelques crus distingués, notamment à Saint-Georges, on égrappe; on laisse ordinairement cuver le vin pendant une dizaine de jours, on le soutire en février et mars; lorsqu'on veut le conserver, on le soutire une seconde fois avant la vendange.

Le rendement de la vigne par hectare varie considérablement, non-seulement suivant que cette plante occupe un terrain en plaine ou en coteau, mais encore selon la nature du cépage, le mode de culture, la semence plus ou moins abondante, etc. Dans la riche plaine de Lunel, il n'est pas rare d'obtenir 200 hectolitres et plus avec l'*aramon*. Sur les coteaux, les vins de bouche ne donnent pas plus de 25 hectolitres par hectare; ailleurs, dans de bons sols, et avec des plants donnant à la fois qualité et quantité moyenne, on peut compter sur 40 à 50 hectolitres sur la même étendue de terrain.

Dans les années de production normale les vins de chaudière valent de 30 à 35 francs le muid de 700 litres, soit 4 francs 50 cent. à 5 francs l'hectolitre; les vins de commerce, de 40 à 46 francs le muid, soit 8 à 9 francs l'hectolitre.

Les principaux crus du département sont, pour le vin rouge, le clos de Saint-Georges; pour les vins muscats, les crus de Lunel, Frontignan et Marossan; pour les vins de chaudière, la plaine de Lunel, celle de Morin, de Villeneuve et tous les sols d'alluvion grasse du département.

On estime qu'il se consomme annuellement dans le département de l'Hérault 900,000 hectolitres de vin provenant du pays, et qu'il reste environ 750,000 hectolitres pour l'expédition.

Le département a produit, en 1847, 3,809,430 hectolitres de vin de toute espèce; en 1848, 4,173,935 hectolitres; en 1849, 2,586,613 hectolitres.

Dans cette même période de temps, on a converti en alcool :

En 1847	2,200,000^{h}
En 1848	3,000,000
En 1849	3,200,000

Les approvisionnements des années antérieures figurent

dans ces chiffres, conjointement avec les produits de ces trois années de récolte.

Pendant ces mêmes années, on a expédié du département à l'étranger :

En 1847,	243,726^h 24^l de vin et	27,640^h 67^l d'alcool.
En 1848,	306,900 13	»	68,295 25
En 1849,	310,454 28	»	32,129 61

D'après les relevés de la douane, il a été expédié, à la même époque, pour l'Algérie :

En 1847,	71,663^h de vin,	5,504^h d'alcool.
En 1848,	132,269	»	7,122
En 1849,	137,433	»	6,372

La vigne, culture principale et source de richesse dans le département de l'Hérault pour les propriétaires assez forts pour supporter trois ou quatre années consécutives de mévente, est, de temps à autre, une cause de souffrance relative pour le petit propriétaire, obligé de vendre, chaque année sa récolte, quel que soit le prix qu'on lui offre : elle compromettrait parfois son existence si, d'une part, la main-d'œuvre qu'il lui applique ne provenait exclusivement de ses bras et de ceux de sa famille, de l'autre, si le temps qu'il lui consacre était autre que celui dont il dispose, à titre de loisirs, après sa journée faite chez les grands propriétaires. Tout compte réglé, la vigne est un véritable bienfait pour le département de l'Hérault, où, sur beaucoup de points de son territoire, on ne pourrait la remplacer par une culture céréale ou fourragère avantageuse. Elle est pour les grands propriétaires le fondement le plus solide d'une fortune qui va sans cesse s'accroissant. Au simple travailleur, elle fournit un utile emploi de ses loisirs, sans rien lui enlever du prix de sa journée; grâce à son travail et à ses économies, elle l'élève au rang de propriétaire, le fixe au sol, assure son bien-être et en fait un des plus rudes concurrents de la grande propriété, quand il s'agit de l'acquisition de parcelles de terre susceptibles d'être converties en vignobles.

DÉPARTEMENT DU GARD.

Ce département peut être assimilé à celui de l'Hérault pour la culture de la vigne; les mêmes cépages et les mêmes procédés s'y rencontrent.

76,248 hectares sont consacrés à la culture de la vigne dans le Gard; ils sont ainsi répartis :

Arrondissement de Nîmes	43,226h
——— d'Alais	10,131
——— d'Uzès	17,164
——— du Vigan	4,727

Dans les *grez* (terrains formés de cailloux roulés), sur les coteaux, la culture de la vigne se fait au labour; dans la plaine, toutes les œuvres se donnent à la main, avec *l'aïssade* (pioche recourbée) ou avec le louchet.

Culture au labour: 1° deux traits de charrue, croisés au *doublé*, c'est-à-dire au moyen de l'araire attelé de deux bêtes; 2° déchaussement des souches fait à la main, à l'aide de l'aïssade si le terrain n'est pas trop pierreux et, dans le cas contraire, avec le *bigot* (pioche à deux dents); 3° deux traits de charrue croisés en mai au moyen du *fourcat* (araire à une seule bête). Le prix de ces cultures varie tellement, selon les localités, la pénurie des fourrages, la rareté de la main-d'œuvre, etc., qu'il est impossible de lui assigner une valeur moyenne.

Culture à la main :

Provignage..................	de 18 à 20f par hectare.
Taille......................	de 18 à 30
1re œuvre...................	de 50 à 60
2e *idem*...................	de 30 à 36
3e *idem*...................	de 25 à 36

(Cette façon ne se donne que dans les vignobles les mieux tenus.)

Vendange et décuvaison..................	35f environ.
Impôts..............................	18

A ces dépenses il faut ajouter les frais de la fumure, qu'on répète tous les quatre ou cinq ans.

Ces prix, du reste, n'ont rien de fixe, ils varient beaucoup : ainsi, pour le provignage, suivant la mortalité; pour la taille, selon que la vigne est plus ou moins vigoureuse; pour les façons, selon le plus ou moins de dureté du sol et suivant qu'il est plus ou moins enherbé; pour la vendange, selon la quantité des produits.

Les localités les plus renommées dans le Gard, pour la production du vin, sont : pour les grez, les coteaux de Saint-Gilles; pour la côte du Rhône, Chusclan et Tavel; au centre de l'arrondissement de Nîmes, Langlade et Ledenon.

DÉPARTEMENT DES BOUCHES-DU-RHÔNE.

On trouve, dans l'excellente *Topographie agricole* de M. Negrel-Féraud, les renseignements statistiques suivants, relatifs à la culture de la vigne dans les Bouches-du-Rhône.

Dans ce département, la vigne occupe une surface de 51,550 hectares, dont 44,113 classés au cadastre sous la dénomination de vignes et 7,437 hectares sous celle de vignes-oliviers et vignes-amandiers, ainsi distribuée :

Arrondissement de Marseille, vignes proprement dites, 14,433 hectares
——————— d'Aix........................ 22,432
——————— d'Arles...................... 7,248

Arrondissement de Marseille, vignes-oliviers, 3,269 hectares
——————— d'Aix.................. 2,658
——————— d'Arles................ 1,510

Dans l'arrondissement de Marseille, la vigne est plantée sur deux rangs, d'après la méthode ancienne: on les appelle, *autins* ou *bancs*.

Les rangs, parallèles entre eux, sont espacés à 1 mètre 25 centimètres et les ceps du même rang à 75 centimètres l'un de l'autre.

Les bancs laissent entre eux un intervalle appelé *oulière* ou *solque*, large de 2 mètres 50 à 3 mètres, cultivé en céréales et légumes; un quart ou un tiers de cette oulière reste ordinairement en jachère.

Quelquefois les vignes sont plantées sur un seul rang et espacées d'une souche à l'autre de 50 à 75 centimètres; les rangs sont alors plus rapprochés, de sorte que, en définitive, la quantité de souches est la même dans un hectare que s'ils étaient sur deux rangs.

Dans l'arrondissement d'Aix, la méthode de plantation est la même; seulement les *bancs* sont plus espacés: la vigne n'y occupe guère que le quart ou le cinquième du terrain.

Dans l'arrondissement d'Arles, l'usage est de planter en quinconce, les ceps espacés à 1 mètre 75 centimètres.

D'après le mode de plantation usité dans l'arrondissement de Marseille, un hectare complanté en vignes

contient.	6,700 ceps;
dans l'arrondissement d'Aix. . . .	5,360
dans celui d'Arles.	6,400

En faisant abstraction de la surface occupée par les oulières, et en ne tenant compte que de celle occupée exclusivement par la vigne, l'arrondissement de Marseille

renferme, en vignobles.	5,900[h]	20,028[h]
celui d'Aix.	5,370	
celui d'Arles.	8,758	

Toutes ces vignes ne sont pas destinées à la production du vin. Il y en a environ 500 hectares dont les produits sont séchés et fournissent un objet de consommation locale et de commerce assez important, surtout dans les cantons de Roquevaire, d'Aubagne, et dans celui de Trets; une pareille surface est consacrée aux raisins de table et de conserve; ces 1,000 hectares retranchés réduisent donc à 18,728 hectares la superficie réellement affectée à la production du vin.

La vigne faite reçoit deux façons annuelles, la première depuis février jusqu'au 20 mars : elle coûte 40 francs par hectare; la seconde, depuis mai jusqu'au 15 juin : cette dernière ne doit être considérée que comme un simple binage; elle revient à 25 francs par hectare. Les frais de vendange et de foulage s'élèvent à 8 francs environ par hectare.

Le rendement moyen des vignes en plaine est de 15 à 20 hectolitres; il ne dépasse pas 15 hectolitres sur les coteaux.

DÉPARTEMENT DU VAR.

La culture de la vigne, dans ce département, ne diffère pas sensiblement de celle usitée dans les Bouches-du-Rhône. Les ceps sont plantés par rangées simples ou doubles, laissant entre elles des intervalles de 2 à 6 mètres, nommés *oulières*, *faïsses*, *mézans*, etc., où le blé revient de deux années l'une; dans les terrains maigres, les propriétaires, jaloux de la qualité de leur vin, se contentent de faire cultiver les oulières, mais sans y prendre de récoltes.

En général, la vigne reçoit un labour en hiver, puis un binage au printemps; quelques-uns lui donnent encore une troisième façon, notamment après qu'il a plu.

Les principaux cépages cultivés dans le Var sont: le *mourvèdre*, le *taulier*, le *pascal*, le *piquepoule*, l'*unit*, le *bouteillan*, le *grenache*, la *clarette* et le *muscat*.

D'après M. Charles de Gasquet, un hectare de vigne de première classe, aux environs de Lorgues, arrondissement de Draguignan, contient environ 3,600 ceps, donnant, comme produit moyen, 30,000 kilogrammes de raisin, lesquels, convertis en vin, représentent 20 hectolitres environ, vendus, en moyenne, 7 fr. 50 cent. l'hectolitre. Le produit brut de l'hectare de vigne s'élève donc à 154 francs. Pour en avoir le produit net, il faut déduire les frais suivants :

Taille, 8 journées	12f 00c
Bêchage, 13 journées	19 50
Vendange, 8 journées de femmes	4 50
Transports à la cuve	17 00
Foulage et décuvage	7 00
Entretien des tonneaux	3 00
	63 00

Une partie des vins récoltés dans le Var est exportée dans le nord de l'Italie; l'autre partie approvisionne la région montagneuse des départements des Hautes et Basses-Alpes; le reste se consomme dans le pays.

D'après la statistique, on compte 59,243 hectares consacrés à la culture de la vigne dans le Var.

Le cru le plus estimé est celui de Lamalgue, près Toulon; il est renommé pour son vin sec.

DÉPARTEMENT DES BASSES-ALPES.

Les principaux cépages cultivés dans les Basses-Alpes sont les *bouteillans*, les *mourvèdres*, désignés vulgairement sous le nom de *maunégré*, les *grenaches*, *tuilliers* et *bruns*, pour les raisins noirs; pour les raisins blancs, les *panses*, les *bouteillans*, les *clarettes*, *gloutels*, *olivettes*, etc.

La culture de la vigne *en plein*, usitée autrefois dans ce département, est presque abandonnée. On lui a substitué les allées de un, deux et quelquefois trois rangs; les allées d'un rang sont ordinairement distantes de 4 mètres; celles de deux et trois rangs, de 6 à 8 mètres; on regarde les oulières de un et deux rangs comme les plus avantageuses.

Pour planter en allées d'un seul rang, on ouvre des fossés de 1 mètre de large sur $0^{m},75$ de profondeur, en jetant la terre à droite et à gauche : ces fossés sont ordinairement creusés à forfait, à raison de 15 centimes les deux mètres courants, y compris la mise en place des crossettes et leur recouvrement avec la terre des côtés.

Le fossé étant ouvert, on y place, en la courbant, une crossette d'un mètre de long environ; on la recouvre de terre et on ne laisse paraître au dehors que deux yeux. Les crossettes sont placées sur la longueur, à $0^m,75$ de distance pour les allées d'un seul rang, et à 1 mètre en carré pour les allées de deux rangs et plus.

L'ouverture des fossés pour les allées de deux rangs se fait différemment que pour celles d'un seul rang : au lieu de les faire en long, on les ouvre en travers. Pour deux rangs de vignes, le fossé a 2 mètres de long sur 1 de large et $0^m,75$ de profondeur ; on place deux crossettes dans ce fossé, à 1 mètre de distance, et l'on recouvre en ouvrant le fossé suivant.

Pour une allée de trois rangs, le fossé a 3 mètres ; l'opération se fait de la même manière, la terre du second fossé servant à recouvrir le premier.

Dans une vigne plantée en plein, le premier fossé tient toute la largeur d'un côté de la terre ; dès qu'il est ouvert, les crossettes sont placées toujours à un mètre carré et recouvertes avec la terre de l'autre fossé, qui doit être contigu au premier. Ce travail s'effectue à prix fait, à raison de 7 centimes 1/2 par vigne plantée, c'est-à-dire par mètre carré de surface.

Les plantations se font généralement, dans les Basses-Alpes, au moyen de crossettes ou boutures appelées *mayoou;* les plants enracinés, bien préférables, ne servent qu'à remplacer les boutures qui n'ont pas pris.

La première année de la plantation, la vigne ne reçoit qu'un seul binage, qui a pour but de la débarrasser des mauvaises herbes.

A la seconde année, deux binages, point de taille.

La troisième année, on taille, en février ou mars, à *bourre sourde :* cette opération consiste à couper rez-terre en ne laissant passer aucun bourgeon.

La vigne reçoit une façon en mars avec la houe à deux pointes appelée *béchat;* on la bine en juin avec la houe plate. La quatrième année, elle commence à entrer en rapport.

On taille la vigne sur un œil, un faux œil et une corne; on la bêche en mars et on la bine en juin.

Dans les terres qui ne sont pas caillouteuses, le bêchage se donne avec le louchet : il est bien plus efficace avec cet instrument.

Les années suivantes, on continue de tailler sur *bourre et bourillon* (un œil et un faux œil); on ne met la vigne sur deux cornes ou branches qu'à la 7e ou 8e année et lorsque la force de la végétation l'exige; quand la vigne est très-vigoureuse, on la taille sur deux yeux et le faux œil.

On commence à ébourgeonner à la 3e année, vers la fin de mai; on enlève toutes les pousses qui ne partent pas de l'œil et du faux œil.

Au château de Paillerols, près des Mées, une vigne de 12 hectares, 85 ares, 4 centiares, formée de 103 allées de 312 mètres de longueur sur 4 mètres de largeur donne, en moyenne, 300 hectolitres de vin chaque année; elle occasionne les frais suivants, d'après M. Raybaud-Lange :

1° Taille pendant l'hiver, 52 journées à 1 fr. 50 cent.....	78[f] 00[c]
2° Bêchage en mars, 12 journées à 1 fr. 50 cent.......	18 00
3° Binage en juin, 40 journées à 1 fr. 50 cent.........	60 00
4° Ébourgeonnage, 50 journées de femmes à 75 centimes	37 50
5° Vendange, 80 journées de femmes à 75 centimes....	60 00
6° Transport de la récolte à 2 kilomètres, 36 journées d'hommes	54 00
A reporter..........	307 50

Report...........	307f 50c
7° 36 journées de mulets et 2 charrettes..............	108 00
8° Foulage, 8 journées d'hommes....................	12 00
9° Pressoir, mise en cave, 12 journées d'hommes........	18 00
TOTAL......................	445 50

Un hectare rend donc 23 hectolitres 34 litres et dépense 34 fr. 25 cent. Le prix ordinaire de l'hectolitre de vin étant de 12 fr. 50 cent., il reste un bénéfice net de 253 fr. 25 c. par hectare de vignes complanté en allées d'un seul rang et dans lequel les vignes occupent le quart de la surface.

Les vignes sont ainsi classées et estimées par le cadastre dans les Basses-Alpes :

VIGNES EN PLEIN.

Classes.	Contenance.	Revenu cadastral.	Impôt.
1re..........	1 hectare......	39f 96c	11f 48c
2e...........	*Idem*.........	16 41	4 67
3e...........	*Idem*.........	5 34	1 52

TERRES-VIGNES.

Classes.	Contenance.	Revenu cadastral.	Impôt.
1re..........	1 hectare......	60f 00c	17f 09c
2e...........	*Idem*.........	37 49	10 68
3e...........	*Idem*.........	16 00	4 50

TERRES LABOURABLES.

Classes.	Contenance.	Revenu cadastral.	Impôt.
1re..........	1 hectare......	80f 19c	22f 83c
2e...........	*Idem*..........	60 03	17 09
3e...........	*Idem*.........	37 50	10 68

Presque tous les vins des Basses-Alpes sont exportés dans la montagne, à Gap, Briançon, Digne, Barcelonnette, etc.

Le seul cru en réputation dans ce département est celui des coteaux des Mées ; les cépages qui le composent presque exclusivement sont les bouteillans noirs et blancs.

Le département, d'après la statistique, compte 9,926 hectares consacrés à la vigne.

DÉPARTEMENT DE VAUCLUSE.

L'étendue de terrain qu'occupe la vigne dans le département de Vaucluse comprend une superficie de 28,552 hectares ainsi répartis :

Arrondissement	d'Avignon	5,127h
————	d'Orange	9,395
————	de Carpentras	4,832
————	d'Apt	8,998

Dans ce chiffre, les vignes en coteaux entrent pour 9,500 hectares, les vignes en plaine pour 19,052 hectares.

La plaine se subdivise en terres caillouteuses ou garrigues, d'une superficie de 14,252 hectares, et en terres de gros fonds, d'une superficie de 4,800 hectares.

Les principaux cépages cultivés dans le département de Vaucluse sont, pour les raisins noirs :

Le *téret*, le *piquepoule*, le *berardi* (*mourvèdre* ou *mataro*), la *conèze*, la *vaccarèze*, le *grenache*, le *tinto*, l'*aramon* (*ugne*) le *plant droit* ou *braquet;*

Pour les raisins roses :

La *clairette rose*, le *grec rose* (*barbaroux* des Bouches-du-Rhône) ;

Pour les raisins blancs :

La *clairette blanche*, la *bourboulenque*, le *piquepoule*, l'*ugne lombarde*, le *tinto blanc*, le *picardan*.

La vigne est généralement plantée à la distance de 1^{m},25 à 1^{m},50 en tous sens là où la culture se fait à bras, et à la distance de 1^{m},70 à 1^{m},80 lorsque la culture a lieu à la charrue.

Dans un seul arrondissement, celui d'Apt, la vigne est plantée à 1 mètre en tous sens, par rangées triples et parallèles nommées *manouillères :* celles-ci laissent entre elles une distance qui varie de 6 à 10 mètres qu'on utilise pour la culture des céréales.

La vigne reçoit, chaque année, trois façons.

Dans les gros fonds, la première œuvre se donne avec la bêche, la seconde et la troisième façon avec la houe.

Dans les fonds garrigues, la première façon s'exécute au moyen de la pioche à 3 becs, la seconde et la troisième façon à l'aide du *béchard* à 2 becs.

Les vignobles en coteaux reçoivent deux ou trois façons avec le béchard.

Les frais s'établissent ainsi par chaque 8 ares 54 centiares représentant la mesure locale :

Gros fonds :

1re façon à la bêche	2^{f} 50^{c}
2e *idem* à la houe	1 25
3e *idem*	1 00
Taille	1 30
Ébourgeonnage	0 50
Vendange, pressoir, cuvage et décuvage	3 00
	9 55

Garrigues :

1re façon à la fourche	3^f 50^c
2e *idem* au béchard	1 75
3e *idem*	1 00
Taille	1 00
Ébourgeonnage	0 50
Vendange, foulage, cuvage et décuvage	2 00
	9 75

Coteaux :

1re façon	2^f 50^c
2e *idem*	1 25
3e *idem*	1 00
Taille	0 90
Ébourgeonnage	0 40
Vendange, foulage, etc	1 75
	7 75

La vigne au labour occasionne une dépense de 6 fr. 20 cent.

Le rendement moyen de la vigne, sur cette même étendue de terrain, est :

Pour les gros fonds, de....... 600 kilogrammes de raisin.
Pour les garrigues, de....... 300
Pour les coteaux, de......... 350

200 kilogrammes de raisin produisent un hectolitre de vin soutiré au clair.

Le revenu cadastral moyen des vignes s'élève à 16 f. 31 c. par hectare : l'impôt est de 2 fr. 35 cent.

Le revenu cadastral comparatif des terres arables est de 22 fr. 50 par hectare, et l'impôt de 3 fr. 24 cent.

Deux crus, dans le département de Vaucluse, méritent particulièrement d'être mentionnés : ce sont ceux de la Nerthe et de Condorcet. Ils sont limitrophes; le premier occupe le coteau de Châteauneuf-du-Pape, le second est partie à mi-côte et partie au pied de ce même coteau; ils sont principalement complantés en *teret*, *tinto*, *grenache* et *clairette blanche*.

Les frais de culture dans ces deux vignobles sont assimilés à ceux des vignobles de garrigues.

Le vignoble de la Nerthe comprend 15 hectares 50 ares; celui de Condorcet 25 hectares. Le premier donne un vin de haute distinction; il se vend invariablement 200 francs le tonneau de 275 litres. Le vin de Condorcet, inférieur en réputation à celui de la Nerthe, ne vaut que 100 francs le tonneau.

DÉPARTEMENT DE LA DRÔME.

VIGNOBLE DE L'ERMITAGE [1].

Le vignoble de l'Ermitage se compose d'à peu près 150 hectares de vignes qui couvrent, sur toute sa déclivité, un coteau dont le sommet est à 160 mètres au-dessus de la ville de Tain, assise sur les bords du Rhône. Sur cette pente rapide, des terrasses soutiennent les terres qui, sans elles, s'écrouleraient promptement par l'effet des pluies et du travail; il est un tiers des 150 hectares qui donne des produits de qualité inférieure; les deux autres fournissent la première qualité.

[1] Cette notice est extraite de l'ouvrage de Puvis : *De la culture de la vigne et de la fabrication du vin.*

La roche sur laquelle repose le vignoble est un granit en décomposition; il se divise en trois parties distinctes pour son produit et la composition de son sol.

Le sol de la partie au nord-ouest, qui porte le nom de *Bessas*, est tout entier composé, du sommet à la base, de détritus granitiques dans lesquels se trouvent cependant des débris d'un poudingue formé de cailloux généralement siliceux et liés par un ciment calcaire, poudingue qui accompagne les bords du Rhône jusqu'à la mer; le granit en décomposition permet à l'instrument qui l'attaque de donner telle profondeur de sol qu'on désire à la culture de la vigne; ce qui explique comment, avec l'aide des terrasses, malgré l'action incessante des instruments de travail, des pluies et de la gravité qui tendent à faire avaler le terrain, le sol du sommet et de la rampe conserve toujours assez de profondeur.

Cette partie, en apparence toute granitique, renferme cependant, surtout dans ses parties inférieures, l'élément calcaire. Ce sol doit la petite proportion qu'il en contient au ciment du poudingue.

Le sol de la partie mitoyenne du vignoble, dite *Mial* ou *Miaux*, se compose de débris de granit, de terrain de transport formé d'un sol rougeâtre, que nous croyons calcaire, et des débris du poudingue.

La troisième portion, qui porte le nom de *Greffieux*, est recouverte d'une assez grande épaisseur du même terrain de transport qui s'élève jusqu'au sommet.

Le prix et le produit de ces trois parties du vignoble varient d'une manière remarquable : l'hectare de la partie granitique vaut de 30 à 40 mille francs; celui de la troisième, presque le double, et celui du milieu a une valeur moyenne entre la première et la troisième partie. Ces différences de valeur dépendent moins de la qualité du vin que du plus ou moins d'abondance de produit et de la plus grande durée de la vigne dans sa portion la plus chère.

Sans la vigne, cette étendue, en raison de sa grande déclivité, serait tout à fait sans valeur et produirait à peine un mauvais taillis; le vignoble y a donc centuplé la valeur du sol.

Dans la partie granitique, la durée moyenne de la vigne est à peine de vingt ans; dans le moyenne, elle est de vingt-cinq, et, dans la troisième, elle va au delà de quarante.

On remplace, par le provignage, les plants qui meurent ou faiblissent; on fait, en moyenne, vingt à vingt-cinq fosses, par œuvrée de vingt-cinq à l'hectare; elles renferment cinq cents ceps. Les fosses se fument à la quantité de 25 à 30 kilogrammes de fumier; on y couche deux ou trois cents sarments. Malgré ce travail, qui renouvellerait toute la vigne en vingt ans, les produits et la vigueur des ceps faiblissent assez pour qu'on soit obligé de l'arracher.

On replante immédiatement à l'Ermitage; quelques essais se font de replanter après plusieurs années de culture.

Pour replanter la vigne, on défonce à un mètre de profondeur; on plante les sarments à toute la profondeur défoncée, dans des trous faits avec un pal de fer; on met ces sarments à 85 centimètres de distance entre eux, et les lignes sont distantes entre elles de 1 mètre; on achève de remplir le trou avec du terreau; l'année suivante, on remplit les vides que laissent les sarments non repris avec des plants chevelus : dans les premières années, le vin est d'une qualité inférieure; mais, à la cinquième ou sixième, le produit peut être mélangé au reste de la vendange sans lui nuire.

Les trois parties distinctes du coteau produisent de très-bons vins; mais on n'est pas d'accord sur la préférence à donner à l'un ou à l'autre. D'ailleurs, l'opinion s'est établie que le vin de l'Ermitage n'atteint toute sa perfection, que par le mélange du produit de trois cantons : il faut donc être propriétaire dans tous trois pour pouvoir récolter la première qualité du vin.

Les plants qui donnent le vin de l'Ermitage sont la *grosse et la petite sirrah* pour le vin rouge, la *roussanne et la marsanne* pour le blanc; la *roussanne* est le plant qui donne les vins blancs de Seyssel dans l'Ain. Le produit moyen de ces plants est de 20 à 25 hectolitres par hectare, comme celui du plant de Bourgogne est de 15 à 20.

La qualité du vin dépend beaucoup aussi, mais moins qu'en Bourgogne, de l'altitude du sol qui le produit : celui du sommet du coteau est plus dur, plus ferme ; celui du bas, plus faible, moins alcoolique; celui du milieu est le plus parfait.

On fabrique à l'Ermitage trois espèces de vins bien distinctes : le rouge, le blanc et le vin de paille; la proportion du vin blanc, en y joignant celui de paille, est à peine d'un dixième de celle du rouge; celle du vin de paille est encore d'une plus faible proportion avec celle du vin blanc; comme il faut l'attendre longtemps, et que trois pièces de vin blanc sont nécessaires pour en faire une en vin de paille, on ne peut jamais le vendre ce qu'il coûte [1].

[1] Trois pièces de vin blanc à 600 francs font 1,800 francs; deux

On vendange le raisin pour le vin de paille en même temps que pour le vin blanc, et on le presse après l'avoir laissé sécher un à deux mois sur de la paille; si les plants de roussanne et marsanne, qui le donnent, peuvent *passeriller* ou se rider sans pourrir sur le cep, comme le furmint de Tokay, on s'épargnerait beaucoup de main-d'œuvre en se bornant à retarder la vendange : la saison est assez longue et le soleil assez chaud dans ce pays, pour arriver à ce résultat. Le vin qu'on obtiendrait ainsi aurait, nous le pensons, toute la qualité du vin de paille; d'ailleurs, dans les années de grande maturité, le vin blanc conserve indéfiniment sa douceur, principal caractère du vin de paille; toutefois le vin blanc a plus de parfum lorsqu'il renferme assez d'acide pour développer l'arome et que la maturité est moins avancée. C'est à la finesse de ce bouquet que nous attribuons principalement la supériorité du vin blanc de l'Ermitage, et ce bouquet ne s'exalte que dans les vins secs. Pour s'assurer donc de cette condition essentielle, nous pensons qu'il faudrait plutôt avancer que retarder la vendange.

On vendange tard à l'Ermitage, le 15 septembre, et en même temps pour le vin blanc que pour le vin rouge.

Lors de la vendange, tous les raisins se trient dans le cuvier; on ôte les grains verts ou pourris et tout ce qui pourrait amoindrir la qualité; à la cuverie, on foule et on enlève toute la grappe; on cuve ensuite jusqu'à ce que la fermen-

ans de tonneau, en raison de l'ouillage et des intérêts, le portent à 2,200 francs, et les intérêts de huit ans de bouteille à 3,200; ce qui le fait revenir, au bout de dix ans, à 15 francs la bouteille sans aucun bénéfice d'attente. La valeur serait à peu près double avec les prix de 1825, qui étaient de 1,000 francs

tation soit complétement achevée, et que la liqueur refroidie soit claire et arrivée au repos : le cuvage peut ainsi durer très-longtemps ; dans les années où la partie sucrée est abondante, il peut se prolonger quelquefois au delà de six semaines : on a cuvé quarante-huit jours en 1834. La moyenne cependant est de quinze à vingt jours ; mais on foule tous les jours, une, deux ou trois fois, aussitôt qu'on s'aperçoit que le marc s'échauffe, parce que cette chaleur est le préliminaire de l'acétification : nous retrouvons là le *coup de pied* qu'en Bourgogne les vignerons donnent à leur vendange pour refouler le marc dans le moût. On a essayé à l'Ermitage de changer ce mode de faire le vin, de laisser la grappe, de soutirer plus tôt et de couvrir la cuve : aucun procédé n'a produit de si bon vin que l'ancienne méthode, en sorte qu'on y est revenu. Lorsque dans un pays il existe un procédé qui diffère très-sensiblement des procédés ordinaires, le plus souvent ce procédé n'a dû s'introduire qu'à la suite de faits nombreux qui ont établi sa convenance ; il ne faut donc le changer qu'après des expériences répétées et une mûre réflexion.

Pendant la première année, on ouille le vin très-exactement, on soutire une fois le rouge et deux à trois fois le blanc ; la seconde année, après le soutirage, on tourne la pièce de manière à ce que la bonde soit sur le côté, et on cesse d'ouiller ; mais on soutire une fois au mois de mars ou d'avril.

On garde le vin de première classe sept à huit ans avant de le mettre en bouteilles ; celui de deuxième classe, cinq à six ans, et celui de troisième trois ou quatre ans ; on conserve le vin blanc en fût plus longtemps encore que le rouge.

La valeur des vins de l'Ermitage est très-élevée dans les bonnes années ; les Bordelais les enlèvent en grande partie et les mêlent en différentes proportions à leurs premières qualités pour leur donner du corps, de la spirituosité et du parfum ; ces vins se marient avec avantage pour tous deux : l'Ermitage laisse au bordeaux son parfum suave, dont la fraîcheur se relève sans s'altérer par celui de l'Ermitage. Dans ces dernières années, les Bordelais ont mis beaucoup moins d'empressement à les acheter ; ce débouché avait fait élever les prix très-haut : en 1825, le vin a été tout vendu 1,000 francs la pièce. Mais ce débouché étant devenu moins régulier, la valeur s'est abaissée de moitié. Cette exportation, qui a enrichi le pays pendant plusieurs années, lui a nui sensiblement sous certains rapports : les bons vins de l'Ermitage ne sont pas classés dans le commerce ni dans la consommation ; il en résulte que, lorsque les Bordelais ne les tirent pas, ils sont obligés d'attendre et de rechercher la vente, parce qu'ils n'ont point d'autres débouchés réguliers, conditions peu favorables pour le producteur.

La durée de ces vins est très-grande : le vin blanc, dit-on dans le pays, dure toujours, du moins on ne le voit guère s'altérer par la vétusté ; la durée du vin rouge est aussi très-grande.

Outre son parfum d'une plus grande finesse, ce vin est plus doux que la plupart de ceux de la côte du Rhône, et semble réunir toutes les qualités qu'on prise le plus dans les vins : parfum, chaleur modérée, durée, salubrité.

Le département de la Drôme, d'après la statistique, possède 22,671 hectares consacrés à la culture de la vigne.

DÉPARTEMENT DE L'ISÈRE.

La statistique porte à 15,000 hectares le nombre des terrains consacrés à la culture de la vigne dans le département de l'Isère.

La vigne s'y cultive de trois manières : en hautains, en treillage et en vigne basse. Excepté dans quelques communes de l'arrondissement de Vienne où la vigne est cultivée spécialement comme unique produit, partout ailleurs elle occupe le sol conjointement avec d'autres récoltes ; c'est ainsi que, dans la vallée de Graisivaudan, on la voit souvent associée la même année à du chanvre ou du blé, suivis eux-mêmes de trèfle ou de sarrasin.

Les cépages sont souvent mélangés dans le même vignoble.

Les procédés de culture varient presque avec chaque localité.

Dans le canton de Vienne, les uns plantent au pieu, les autres au fossé. On défonce le terrain. Les ceps sont à un mètre les uns des autres dans la plaine, à 80 centimètres seulement sur les coteaux. En général, on place les échalas à la quatrième feuille. La vigne est *arçonnée*, c'est-à-dire que la souche est courbée sur un petit échalas ou sur elle-même. Les vignes ont pour tuteurs trois ou quatre échalas disposés en cône. La vigne reçoit chaque année deux façons : la première en avril, la seconde en mai ou juin. On taille tout l'hiver.

A la Côte-Saint-André, on ne plante par fossés que lorsqu'on provigne ; les fossés ont 50 centimètres de profondeur ; la vigne, placée à un mètre en tous sens, est soutenue par des échalas à demeure toute l'année. On arçonne, on taille de décembre à février; on lie; on ébourgeonne, et l'on bêche deux fois la vigne pendant l'année.

Voilà pour les vignes basses.

Dans le canton de Crémieu, la vigne est cultivée en *hautains;* les ceps, placés à 2 mètres les uns des autres, grimpent sur des érables champêtres ou des merisiers, dont on modère la végétation en arrêtant l'arbre à une certaine hauteur. La vigne reçoit au pied, chaque année, deux façons à la bêche; le reste du terrain se cultive à la charrue. Lorsque la souche est vigoureuse, on laisse trois montants qu'on dresse en treillis, c'est-à-dire qu'on fait courir sur des treillages reliant les arbres les uns aux autres.

Dans toutes les localités sujettes aux gelées tardives, on préfère les treillis bas aux hautains; c'est ce qui a lieu, notamment dans les cantons de Bourgoin et de la Tour-du-Pin. La plupart des vignobles y sont plantés en quinconces, les ceps se trouvant à un mètre les uns des autres. On place les échalas à la deuxième feuille; on fume pendant la première et la deuxième année de la plantation.

A la Tronche, enfin, dans l'arrondissement de Grenoble, les ceps sont à un mètre en tous sens. Quand la vigne est en treillage, on taille *à archets* (en arc) les vieilles souches, afin d'avoir plus de produits; on réserve deux ou trois montants. La vigne reçoit une façon à la pioche en mars ou en avril; elle est attachée par un seul lien, près de la tête, avec un brin de paille ou d'osier; les échalas restent toute l'année sur place; suivant qu'ils sont en saule, en châtaignier ou en sapin, on les renouvelle tous les trois ou six ans. Les vignobles les plus renommés dans ce département.

d'ailleurs peu viticole, sont ceux de la Côte-Saint-André (arrondissement de Vienne), de Saint-Savin (arrondissement de la Tour-du-Pin) et de la Tronche, dans l'arrondissement de Grenoble.

DÉPARTEMENT DU RHÔNE [1].

La vigne occupe dans le département du Rhône une surface d'environ 40,000 hectares. Topographiquement elle forme deux vignobles principaux. Le plus important décrit, sur la rive droite de la Saône et du Rhône, une longue zone ou bande, bornée au nord par le département de Saône-et-Loire, au sud par celui de la Loire. Son orientation générale est à l'est. Il occupe, dans l'arrondissement de Villefranche les étages inférieurs et intermédiaires des montagnes du Beaujolais ; dans l'arrondissement de Lyon, au nord, les flancs du Mont-d'Or, et au midi les coteaux de Sainte-Foy, Millery, Ampuis, Tupin, Condrieux, etc. Le Rhône et la Saône forment en beaucoup de points sa limite orientale. Dans d'autres, il en est séparé par les terrains d'atterrissement que couvrent des cultures céréales et fourragères. Ceux-ci varient en largeur depuis quelques mètres, jusqu'à 2 ou 3 kilomètres. La largeur de cette bande ou zone vitifère est variable selon le plan de la pente générale du versant est des montagnes qu'elle occupe : elle est à son maximum dans les points où l'inclinaison s'adoucit et forme des ondulations prononcées. Ses limites sont comprises entre 1,500 mètres et 7 à 8 kilomètres. Le plus grand développe-

[1] Note de M. le professeur Tisserant.

ment de son diamètre transversal se trouve entre Irigny et Thurins, dans l'arrondissement de Lyon.

Le second vignoble couvre une partie des vallées secondaires de la Brevenne et de l'Azergue, vallées parallèles à celles de la Saône et du Rhône, partageant en quelque sorte le massif des montagnes qui séparent celles-ci du bassin de la Loire. Il forme, en outre, une sorte de renflement qui, du point de jonction des deux vallées secondaires dont il est question, pris comme centre, serait limité par une demi-circonférence ayant 4 à 5 kilomètres de rayon, et courant du nord au sud par l'ouest. Ce vignoble, beaucoup moins étendu que le premier et donnant des produits bien inférieurs, offre naturellement moins d'intérêt.

La limite d'altitude à laquelle la vigne peut-être cultivée en grand dans le département du Rhône est à 500 mètres environ au-dessus du niveau de la mer. Si l'on déduit de ce chiffre 170 mètres représentant la hauteur comprise entre le niveau inférieur de la culture viticole et celui de la mer, il restera une hauteur verticale de 330 mètres dans laquelle cette culture se trouvera renfermée.

La température moyenne de Lyon est de + 12°. La moyenne de l'hiver est + 2°, celle de l'été + 21°. La quantité de pluie tombant annuellement est de 0,775. Les vents du nord et du sud sont dominants dans la vallée de la Saône et du Rhône. Ceux de l'est, du sud-est et du nord-est sont beaucoup plus rares.

Sous le rapport de la géologie, les terrains qu'occupe la vigne, dans le département du Rhône peuvent être divisés en deux parts. On trouve ainsi :

1° Les terrains formés d'alluvions, de dépôts diluviens et

tertiaires, et où abondent les limons et les sables fins. Ils recouvrent naturellement les régions basses et moyennes et constituent des sols profonds.

2° Les terrains formés par des terrains secondaires et de transition, de granits et de gneiss, en masses continues, d'une désagrégation lente. Ils se trouvent dans les points élevés, et ne constituent que des sols minces, superficiels, incomplétement divisés et reposant sur un sous-sol pierreux et compacte. Les vins les plus délicats du Beaujolais et de la Côte-Rôtie sont récoltés sur des terrains de cette seconde classe.

En thèse générale, la qualité est en raison inverse de la quantité. Et, soit que l'on considère la fécondité du plant ou la fertilité du sol, la production ne s'accroît sur une surface donnée qu'aux dépens de la finesse.

Les plants cultivés en grand dans le département du Rhône sont :

Dans l'arrondissement de Villefranche qui comprend le Beaujolais, *les gamays;* ils sont tenus en vignes basses et sans échalas à partir de la septième ou huitième année.

Dans l'arrondissement de Lyon, en en exceptant les localités ci-après : les *gamays*, le Gros-Plant ou *persaigne*, et enfin, mais en proportion très-faible, le *chasselas*.

Dans le vignoble des bords du Rhône, entre les parallèles de Sainte-Colombe et de Condrieu, la *serine* et le *viognier* se partageant à peu près la surface, presque toujours mêlés et cultivés en arceaux formés de trois ceps réunis à leur sommet par les échalas. On trouve également là quelques vignes plantés en gamays.

Dans toute la plaine, entre les mêmes parallèles, le *chas-*

selas dit *mornain* est cultivé en treilles ou en hautains pour les usages de la table.

Dans le département, mais surtout dans les vignobles particuliers du Beaujolais et de Condrieu et d'Ampuis, la vigne est l'objet de beaucoup de soins. Sa culture s'y fait avec intelligence.

La vigne se plante exclusivement avec des sarments non enracinés et à l'aide du pal, qui descend à une profondeur de 30 à 50 centimètres dans le Beaujolais, à Côte-Rôtie et à Condrieu. Les souches sont généralement à 1 mètre de distance les unes des autres dans les deux dernières localités; dans le Beaujolais on ne laisse guère qu'un intervalle de 75 centimètres à 1 mètre. Partout la plantation a lieu au printemps. On est dans l'usage de fumer en plantant; dans le Beaujolais et à Côte-Rôtie, on fume encore en provignant.

La première année de sa plantation, la vigne reçoit généralement de trois à quatre façons; les années suivantes on se borne à lui donner trois cultures.

La taille a lieu communément en février et mars; dans le Beaujolais on la commence souvent en janvier.

On dresse la vigne sur deux ou quatre coursons et on lui laisse deux ou trois yeux à la taille.

Dans le Beaujolais, on échalasse jusqu'à la septième ou huitième année; à Côte-Rôtie et à Condrieu, les échalas ont 2 mètres et plus de hauteur : ils sont réunis, trois à trois, au pied de chaque souche et forment un *arceau* ou *arçon*.

La vigne commence à rapporter à la troisième année: elle est en plein rapport à la quatrième.

La vendange a lieu de septembre en octobre.

Dans le Beaujolais, on obtient souvent 50 hectolitres par hectare; à Côte-Rôtie et à Condrieu, on ne compte que sur un rendement variant de 25 à 40 hectolitres.

Les principaux crus du Beaujolais sont, pour les vins fins, les *Thorins*, *Fleury*, *Morgons*, *Brouilly*, *Saint-Étienne*, *Lachassagne;* pour les vins ordinaires, *Juliénas*, *Chirouble*, *Régnié*, *Saint-Lager*, etc.

Les vins fins de Beaujolais valent en moyenne 30 à 40 fr. l'hectolitre, vin nouveau : leurs principaux débouchés sont le Nord, la Flandre et la Belgique; 50 à 60 fr. l'hectolitre vin vieux.

Les vins ordinaires se payent communément de 20 à 30 fr. l'hectolitre; ils s'écoulent sur Paris, Lyon et Saint-Étienne.

Les principaux crus de Côte-Rôtie sont *Côtes Brune et Blonde* (Ampuis) pour les vins fins; pour les vins ordinaires, les autres coteaux d'Ampuis-Tupin. Les vins fins nouveaux valent, en moyenne, de 50 à 60 francs l'hectolitre; les vins vieux, de 60 à 100 francs; les vins ordinaires, de 30 à 40 francs.

CULTURE DE LA VIGNE

DANS LES ÉTATS-SARDES.

Les renseignements suivants, complétés par nos propres observations, nous ont été fournis par M. le sénateur professeur Cantu, à Turin :

Les cépages et les procédés de culture varient d'une province à l'autre; voici les méthodes les plus généralement usitées dans les États-sardes :

Dans la province de Turin, la vigne est plantée en lignes; les souches plongent dans des fossés plus ou moins creux, elles sont à 50 centimètres de distance les unes des autres; dans la colline, les fossés ont un mètre de profondeur. La seconde année après la plantation, on remplit le fossé de fascines et de terre; dans certaines contrées, dans le Canavais, par exemple, les fossés n'ont qu'un demi-mètre de profondeur; on n'y met pas de fascines, mais on fume la vigne tous les sept ou huit ans : pour cela faire, on creuse le sol jusqu'aux racines de la vigne, on les recouvre d'un peu de terre végétale, on applique ensuite le fumier, et l'on comble ensuite le fossé avec de la terre.

La vigne, parvenue à la hauteur d'un mètre au-dessus du sol, est divisée sur un treillage ou contre-espalier construit à l'aide de forts échalas fichés en terre auxquels on fixe transversalement de longues perches en bois. On attend pour tailler que la vigne ait atteint un certain développement; on réserve alors deux ou trois pousses vigoureuses de l'année, on les lie ensemble, on leur fait décrire une diagonale sur le treillage et on les attache aux souches voisines.

L'ébourgeonnage se pratique en mai chez les propriétaires soigneux.

La vigne, dans la province de Turin, se cultive aussi en faisceaux (obi), ainsi appelés parce qu'autrefois, à côté du faisceau de vignes, on plantait un érable champêtre (obbio) qu'on élevait à la hauteur de 1m,50, en réservant quatre branches destinées à servir de tuteurs; on y attachait une vigne garnie de deux bras liés ensemble et conduits en forme de croix entre les deux *obi*. Dans plusieurs localités, au lieu d'érable, on se sert de deux échalas pour soutenir les faisceaux; ailleurs, comme dans le Canavais, à Pignerolles, on emploie l'échalas; dans cette dernière province, la vigne court sur les treillages à 2 mètres au dessus du sol.

Il en est de même dans les provinces d'Acqui, d'Alba, de Coni, d'Aoste; la vigne s'y cultive comme sur la colline de Turin, c'est-à-dire en ligne ou *tavagne*, espèce d'espalier formé avec des échalas fichés perpendiculairement dans le sol, et garnis de perches horizontales; seulement, les *tavagnes* ne sont pas aussi élevés. On ne réserve qu'un seul sarment de l'année, de 50 centimètres d'étendue, qu'on attache tout le long de la perche et qui va rejoindre le cep voisin. En taillant, on a soin de réserver une nouvelle pousse au bas de la fourche; l'année suivante on la fixe à la perche : la vieille perche est supprimée quand celle-ci a acquis assez de force; elle forme un cep nouveau, et la vigne se trouve ainsi rajeunie.

Dans la province d'Ivrée, la plupart des vignes sont plantées dans des fossés d'un mètre de large et en lignes. Les bras de la vigne s'étendent sur de vastes treilles dites *topie*, reposant, tantôt sur des poutres, tantôt sur des colonnettes en maçonnerie de 2 mètres environ de hauteur.

Dans la province de Biella, la vigne est plantée au pied de cerisiers dont on étête les branches; celles-ci lui servent de tuteurs. La vigne, sur les coteaux de cette province, est conduite à peu près comme à Ivrée, sur de grandes treilles.

Dans la province de Casal, dans le Montferrat, chaque cep de vigne s'appuie sur une tige d'*arundo donax*, de 3 mètres environ de hauteur.

On taille sur une seule branche, que l'on attache à deux autres tiges d'arundo, placés à 50 centimètres l'un de l'autre, de telle sorte que chaque souche s'appuie sur trois cannes.

Dans la province de Suse, la vigne est tenue en espaliers d'environ 1 mètre; chaque cep est muni de deux bras qu'on fixe à l'espalier, en diagonale, de bas en haut.

Enfin, dans la province de Nice, la vigne se cultive de deux manières principales, en treilles (*vite in topia*) et en lignes (*vite in linea*).

La première ne diffère pas sensiblement des treilles qu'on observe dans les autres provinces; la vigne grimpe sur des montants en bois ou en fer, et forme des berceaux d'une étendue plus ou moins considérables. Les muscats noir et blanc, la clairette, la pignerolle, sont les cépages qu'on cultive le plus de cette manière.

Les vignes en ligne sont plantées à 50 centimètres les unes des autres.

Les tuteurs perpendiculaires, en bois de pin ou d'olivier, ont 2 mètres de hauteur; ils sont placés à 1 mètre 50 centimètres les uns des autres; ils supportent transversalement deux cannes d'arundo donax, séparées l'une de l'autre par un intervalle de 70 à 60 centimètres. Chaque souche conserve cinq ou six branches, munies chacune de trois yeux.

La vigne reçoit ordinairement deux façons à la pioche, la première à la fin de février, la seconde dans la première quinzaine de mai.

Un intervalle de 3 à 4 mètres sépare chaque rangée de vignes. On y cultive alternativement des fèves et du blé; il est, en outre, complanté en figuiers, pêchers, mûriers et oliviers : le climat de l'Italie peut seul permettre de telles associations ; la vigne, toutefois, gagnerait à être moins ombragée.

FIN.

www.ingramcontent.com/pod-product-compliance
Ingram Content Group UK Ltd.
Pitfield, Milton Keynes, MK11 3LW, UK
UKHW020254180726
13839UKWH00001B/315